U0398182

目录
CONTENTS

第一章

移动互换

站 队

这里有 24 个人要站成 6 队，5 个人一队，应当如何站才好？

九宫格

画一个九宫格（3×3 的方格），在每个小方格中放上硬币，使得每一行和每一列的硬币数目都是 6 戈比。

现在不要移动画上圆圈的硬币，把其他的硬币重新排列，使每一行和每一列的硬币数目仍然是 6 戈比。

注：戈比，俄罗斯等国的辅助货币，100 戈比 = 1 卢布

1	2	3
2	③	1
3	1	2

003 互换位置

如图所示，把 1 分、2 分、5 分的硬币分别放入最上和最下面的两行，只是两者面向相反。

把两行硬币依照一定的规律在中间的空格里移动，使对应的两个互换位置。每个空格里不能同时出现两个硬币，硬币也不可以跳格和越界。

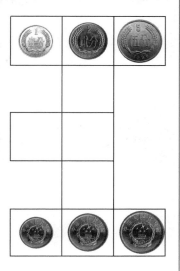

004 9 个 0

如图所示，把 9 个 0 排列好。要求是把 9 个 0 用一笔全部画掉，只允许用四条直线。

$$0 \quad 0 \quad 0$$
$$0 \quad 0 \quad 0$$
$$0 \quad 0 \quad 0$$

005 36 个 0

有 36 个 0，它们如图所示排列着。在把 12 个 0 去掉之后，其余的 0 在各行各列的数目相等，这 12 个去掉的 0 是哪些?

0	0	0	0	0	0
0	0	0	0	0	0
0	0	0	0	0	0
0	0	0	0	0	0
0	0	0	0	0	0
0	0	0	0	0	0

围棋黑白子的摆放

在一个 18×18 的方格棋盘上，有多少种方式来摆放两个颜色不同的围棋棋子？

落在窗帘上的苍蝇

有9只苍蝇落在了一块方格子窗帘布上。在每行每列里，居然都刚好有一只，真的是太巧了！几分钟之后，有3只苍蝇爬到了相邻格子里，其余没动。最后，依旧是每行每列都有一只苍蝇，对于这三只苍蝇的移动情况，你是否清楚？

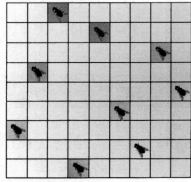

数字移动

如图所示是 1 ~ 8 八个数字在方格里的排列顺序。利用里面的空格，对数字顺序进行重新调整，最后顺序就是数字表的顺序。你是否清楚，最少需要多少步？

对调家具

分别有一张书桌、一张床、一个酒柜、一个书橱和一架钢琴摆放在一栋别墅里，位置如图所示。其中 2 号房间里什么也没有。

所有的房间都很小，不可以同时容纳两件家具，那么，我们应该如何在最少的步骤里调换一下书橱和钢琴的位置，而不改变其他家具的位置呢？

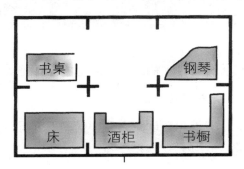

城堡的建设

古代有个国王，他有一个十分宏伟的建筑计划，国王要用 5 道笔直的城墙连接起 10 座城堡，最后满足每道城墙上有 4 座城堡。

如图所示，这个方案是被一个建筑师提出来的。

对于这个把所有城堡都建筑在城墙上的计划，国王不太赞同。为了使得自己的居住环境相对安全，他要求至少有一座城堡建在城墙里面免受直接攻击。经过几番思索，建筑师最后还是找到了解决办法。

你是否想到了呢？

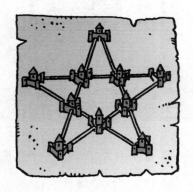

砍树问题

如图，许多果树栽种在地主的果园里。地主想要把其中的树砍掉一些，为的是加大树间距，促进树的生长。

他对长工这样说："要保证砍完之后，就剩下五行，并且满足每行 4 棵就可以了。"他说完转身走了。

长工对地主的怨恨由来已久，为了达到报复的目的，他思索了一会儿，就实施了自己的行动。长工把果树几乎砍完了，整整砍掉了39棵，最后只剩下了10棵，而不是地主原本想留下的20棵。

慢悠悠走过来的地主看到如此结果生气极了，他大声的质问长工："让你留下20棵树，为何最后只剩下了10棵？"

"你并没有吩咐要把20棵树留下呀！我已经按照你的意思办了，最后只剩下五行，并且每行里面有4棵树，你瞧！"

看到结果的地主的肺都要被气炸了，可是，他什么也说不出来。

长工是如何砍的？

012 抓老鼠

如图所示，老猫四周是被13只老鼠围成的一个圈，其中有一只老鼠是白色的。猫一定要把这些老鼠全部吃掉，但是必须按次序进行。那就是沿着顺时针的方向数数，被吃掉的老鼠总是第13只。假如白老鼠要最后才被吃掉，猫要把开始的点设在哪里？

伶俐的士兵

这个古老谜题有许多的变化，我们的例子只是其中的一种。守卫着军官的 24 个士兵分别住在 8 个帐篷里，每个里面 3 个人。如图所示，8 个帐篷围成正方形排列，中间的就是军官的住处。士兵们渐渐开始相互做客了。军官查哨的规矩是只要满足每行 9 个人，至于每个帐篷里的人数，他就不在追究了。

伶俐的士兵发现了这个规矩，就开始欺骗起军官来。以至于军官都没有发现：有 4 个士兵在晚上擅自离开了岗位。这样，第二天离岗的变成了 6 个。随后，索性把朋友请来了军营做客：先是 4 个人，后来是 8 个人，再后来是 12 个人。因为每次查哨，依旧是每行 9 个人，所以，军官都没有发觉。

士兵是如何做的？

小松鼠和小白兔

如图所示，有 8 个编了号的木桩，在 1 号和 3 号木桩上坐着小白兔，在 6 号和 8 号木桩上坐着小松鼠。不过，小白兔和小松鼠都不满意现在的位置，它们想坐到对方的位置上去，也就是说，小白兔到小松鼠的位置上，小松鼠到小白兔的位置上。有线相连的木桩之间可以跳跃，没有线相连的不能跳。请问：如何在最少的跳跃次数下，达到换位置的目的（提示：不可能少于 16 次）？

记住下面的两条规则：

第一，只能按照图中用线标出的路线从一个木桩上跳到另一个木桩上，每一个小动物都可以连着跳；

第二，一个木桩上只能坐一只动物，因此只能跳到空的木桩上去。

三兄弟和三条路

彼得、巴维尔、雅科夫是三兄弟，他们每个人都有一块地，而且离他们家不远。如图所示，我们可以看到房子和地的分布情况，会发现地的位置不便于他们耕种，但三兄弟没想过要换地。

每个人在自己的地里耕种，三兄弟去地里最近的路线交叉在一起。不久后，他们发生了争执。为了避免争吵，三兄弟决定找到从自己家去地里的路，但不会跟别人的路交叉。经过一段时间的摸索后，他们三兄弟真的找到了三条这样的路。现在，他们每天都走自己的路去地里，彼此再也没有碰过面。请问：你能找出这三条路吗？

有一个条件：任何一条路都不能绕过彼得家的后面。

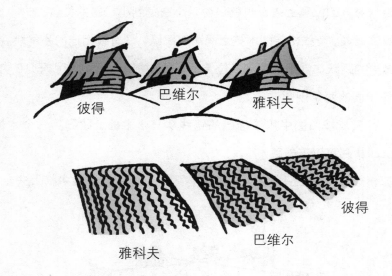

第二章

拼拼剪剪

划线分猪

把图中的 7 头猪用 3 条直线划分开，使得每部分里只包含一头猪。

平均分成 4 份

有 5 个大小相等的正方形组成了如图所示的地块，你是否可以把它们平均分成四块，使它们形状相同、大小相等？

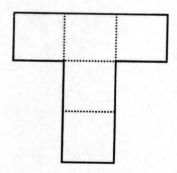

018 拼 图

如图所示两块中间有孔的木板，在毫不浪费的情况下，我们应该怎样用它们拼凑出一个完整的圆桌面？

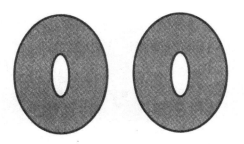

019 表 盘

把图中的表盘分成大小不等的六部分，要求就是要所有部分里的数字之和相等。

这其实考验大家的敏锐性。

020 月 牙

仅用两条直线就可以把图中的月牙分成六个大小不等的部分，应当如何分？

021 平分逗号

如图所示，这是一个大大的逗号。画的过程是这样的：在直线 AB 上画一个半圆，直径就是线段 AB，随后画两个方向不同的半圆，直径就是线段 AB 的 $\frac{1}{2}$。

第一、如何利用一条曲线把这个大大的逗号分为大小形状都相同的两部分？

第二、如何运用两个大逗号拼凑出一个圆形？

 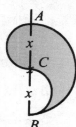

022 正方体的表面展开

把正方体的六个面完全展开，就可以得出如图右边的三个平面图。

其他的形状还有多少种，也就是说，有多少种不同的方法可以把正方体表面展开？

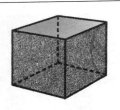
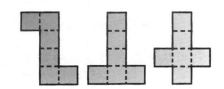

拼凑正方形

利用图 a 的 5 部分是否可以拼凑出一个正方形？

利用图 b 中的 5 部分是不是可以拼凑一个正方形？可以把其中一个分成两部分，其余四个不可以分。

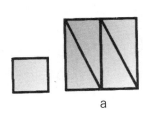

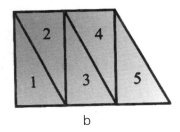

a   b

镰刀和锤子

你听说过"七巧板"吗？它产生于几千年前，是一个比象棋还要古老的中国游戏。游戏的规则是要把一个木制或纸制的正方形裁成如图所示的 7 小部分，再用剪出来的七小部分拼成各种各样的图形。也许你会认为这太简单了，实则不然。如果把这 7 小部分凌乱地摊开，想不看原图就把它拼成原来的正方形，就不是一件简单的事。

你可以试着做一下：用正方形剪出的 7 个小部分拼出一把镰刀或一把锤子。要求这 7 个小部分不能重叠，又必须全部使用。

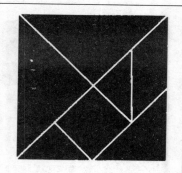

025

拼出正方形

如图所示，用剪刀剪两下，把这个图形剪成 4 部分，再用这 4 部分拼出一个正方形。

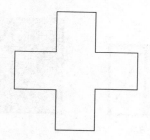

026

把苹果拼成公鸡

如图所示，把这个苹果剪成 4 部分，再用剪出的 4 部分拼出一个公鸡。应该怎么做呢？

第三章

思考、计算

乘法口诀

假如我们记不清楚九九乘法口诀，尤其是 9 字段的口诀了，手指就可以帮助我们解决困难。

如图所示，10 根放在桌子上的手指就是个活计算器。

就拿 4×9 这个算式来说，结果就在从左到右的第四根手指上，这根手指的左边有 3 根手指，右边有 6 根手指，结果就是 36。

还有算式 7×9=？分别有左边的 6 个手指和右边的 3 个手指分布在第七根手指的两边。结果就是 63。

9×9 的结果就是第九根手指左边的 8 个和右边的一个结果是 81。

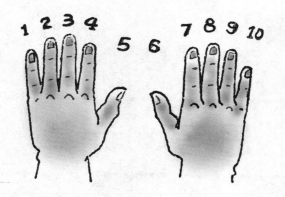

028 鸟与树

飞来小鸟儿，大树梢上落。

一树上一个，鸟儿多一只。

两只落一树，一树上没鸟。

到底多少鸟？还有多少树？

029　兄弟姐妹

我有同样多的兄弟和姐妹。姐妹当中所有人的姐妹数是她兄弟数的 $\frac{1}{2}$。我的兄弟姐妹有多少人？

030　早　餐

在吃早餐的时候，一共有 3 个鸡蛋被 2 个父亲和 2 个儿子吃掉了，并且他们每人一整个，为什么会这样？

031　单个人的 $\frac{3}{4}$

有人问到自己小组的人数，对此，小组长是这样回答的："我们小组的人数就是整个组人数的 $\frac{3}{4}$ 与单人 $\frac{3}{4}$ 两者的和。"

你是否可以计算出这个小组的人数？

032　年龄是多少

"老爷爷，你儿子的年龄是多少呀？"

"我孙子过的天数刚好和他过的星期天同样多。"

"那么，你孙子的年龄又是多少呀？"

"我过的年数刚好是我孙子过的月数。"

"你的年龄是多少呢？"

"100 是我们三个人年龄的总和。我们的岁数分别是多少？你猜一猜吧！"

033 年龄大的是哪一个

我儿子年龄过 2 年就比他 2 年前的年龄大 1 倍，可是，我女儿的年龄再过 3 年就是她 3 年前的 3 倍。

我的儿子和女儿，两个人年龄大的是哪一个？

034 儿子的年龄

5 年前，儿子的年龄比我小 $\frac{3}{4}$，如今比我小 $\frac{2}{3}$，请问儿子的年龄是多少？

035 具体的年龄

有个人很喜欢动脑筋，当有人问到他的年龄有多大时，他的回答是："我的年龄就是 3 年后年龄的 3 倍与 3 年前年龄的 3 倍两者的差。"

这个人的年龄到底是多少？

036 两个儿子和三个女儿

多年不见的叔侄们又见面了。

小牛和小妞兄妹两人首先跑到叔叔的身边，哥哥小牛高兴地说："我的年龄是妹妹的 2 倍。"

随后二妞又跑了过来，父亲介绍说："小妞和二妞两个人年龄之和比小牛的年龄大 1 倍。"

父亲在大牛放学归来又补充说："大牛与小牛年龄的和是二妞与小妞年龄之和的 2 倍。"

最后出现的是大妞，她告诉叔叔："太好了，叔叔，你是来给我过生日的吗？今天是我 21 岁生日。"

父亲又接着说："你一定想不到，我 3 个女儿的年龄之和刚好比 2 个儿子的年龄之和大 1 倍。"

五个人的年龄分别是多少？

工 龄

这是我在火车里听到的两个人谈话内容：

"就工龄来说，你的要比我的长 1 倍了？"

"不错，刚好长 1 倍。"

"假如我没有记错的话，你好像说过长 2 倍呀！"

"那是两年前的事情了，如今只长 1 倍了。"

你是否可以计算出这两个人的工龄分别是多少？

棋局的数量

3 个人一共下了 3 局棋，每个人下了几局？

去公社

有一条高低不平的路连接着公社和工厂，它包括上坡的 8 千米和下坡的 24 千米。李老师在没有休息的情况下：去时用了 2 时 50 分，回来用了 4 时 30 分。

请问李老师上下坡的时速分别是多少？

两个小朋友

一个小朋友对另一个小朋友说："把你的苹果分给我 1 个，我的就是你的 2 倍。"

另一个小朋友回答说："这样有失公允。应当把你的苹果给我 1 个，这样我们两个人就有了同样多的苹果。"

两个人的苹果分别是多少？

钢笔盒子的价钱

这个问题其实一点也不复杂，可是，能回答正确的人真是不多。1 支钢笔和 1 个盒子共计 2 元 5 角，并且钢笔要比盒子贵 2 元。

那么钢笔的价钱是多少？

042 蜂蜜的分配问题

　　三个生产队要平分在库房里存放的蜂蜜和空桶，它们的数量是 7 桶满的、7 个半桶的、另外还有 7 个空桶。

　　在保证蜂蜜不被倒来倒去的情况下，三个生产队应当如何分配？假如方法不止一种，也请你一一列举一下。

043 邮票的数量

　　有个人购买了 100 枚邮票花费是 5 元钱，其中包括：单价为 1 分钱的，单价为 1 角的和单价为 5 角的。

　　请问三种邮票的数量分别是多少？

044 钱数是多少

　　一个人拥有 42 张纸币，一共是 46 元 5 角，其中有 10 元的，1 元的和 1 角的。

　　各种面值分别是多少张？

045 手套与袜子

　　有两个抽屉，一个里面放的是一模一样的 20 副手套，10 副白色、10 副黑色；另一个里面放的是一模一样的 20 双袜子，10 双黑色、10 双白色。

在看不见的情况下，随意拿出多少只手套和袜子就可配成一副手套和一双袜子，颜色随意。

046 甲虫与蜘蛛

甲虫和蜘蛛共有 8 个被一个少先队员装入了一个小盒子里。其中，甲虫 6 条腿，蜘蛛 8 条腿，总计是 54 条腿。

你是否可以计算出两种昆虫的个数？

047 一只蜗牛

一只蜗牛爬一棵高达 15 米的树，白天向上爬 5 米，但晚上会滑下来 4 米。那么这只蜗牛要爬到树尖需要几个昼夜？

皮带扣多少钱

皮带加皮带扣的总价格是 68 戈比，皮带扣价格比皮带的便宜 60 戈比。那么皮带扣多少钱呢？

玻璃杯的数量

如图所示，架子上有三种大小不同的容器，每一个架子上所有容器的总容积都相等，最小的容器可以装下一玻璃杯的水，那么其他两种大小的容器可以装下多少玻璃杯的水？

第四章

劳动里的智慧

水 池

如图所示，有四棵树分别生长在一个正方形水池的四个角落。如今，在保证水池的正方形形状以及四棵树不被淹没和移动的情况下，使得水池的面积增加 1 倍。

应当怎样做？

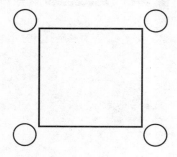

小 桥

如图所示，这是两个火柴拼出的正方形。假设小正方形是一个小岛，周围是水沟，怎样用两根火柴在这条水沟上建一座小桥呢？

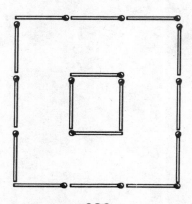

052　过河问题

假设爸爸用头朝上的火柴表示，妈妈用头朝下的火柴表示。两个小男孩用两根半截的火柴表示。两排火柴是一条河的两岸。火柴盒是河上的一只小船。

爸爸、妈妈和两个儿子想到河的对岸去，虽然河上有船，但这小船太小，一次只能载 1 个成年人或 2 个小男孩。那么他们要怎样过河呢？

053　裁　缝

裁缝需要把一块布剪成正方形，她剪好后，将布沿着对角线对折，看两部分是否能够重合。她用这种方法来检验剪出来的是不是正方形，如果能够重合，就是正方形，否则就不是。

请问：她的检验方法正确吗？

054　木匠的困惑

如图所示，这是木匠手里的一块五边形木板。它是由一个三角形和一个正方形组合出来的，其中的三角形刚好是正方形的 $\frac{1}{4}$。经过两锯分割，他要把这个五边形木板不多不少的拼凑出一个正方形。

他是否可以如愿？他应当怎样做？

时间的长短

一根长度为 5 米的圆木头即将被工人截成长度为 1 米的段。他每截断 1 段都要耗费 1.5 分钟。截完整根木头要多长时间?

工资分配问题

有个装修队是由一个家具工人和六个木工组成的。他们在完成一项工程后,木工的人均工资是 200 元,1 名家具工人比装修队的平均工资高 30 元。

1 名家具工人的工资是多少?

连接铁链

如图所示,5 段铁链,每段 3 环。某人要把它们连接成 1 根。铁匠师傅认为必须断开 4 个环才可以把它们全部连接起来。是不是还有断开更少铁环的情况?

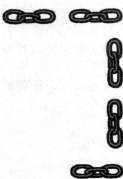

面粉的质量

　　商店里要用一台秤把 5 袋面粉的质量称一称。但是对于 50 ～ 100 千克之间的质量，他们没有办法称，这是由于丢了几个秤砣。可是，每袋面粉的质量都在 50 ～ 60 千克之间。

　　工作人员十分镇定，他们把所有面粉都两袋两袋地过了称。最后，5 袋面粉称得了 10 组数据，具体如下：

　　110，112，113，114，115，116，117，118，120，121。

　　你是否知道每袋面粉的重量？

吃书的小虫

　　有一种小虫，它们专门吃书，把书一页一页咬穿，一直咬到最后一页，就可以从这条道路穿过整本书了。如图所示，这是两本挨着放着的书，每本有 800 面，那么这只小虫从第一本书的首页到第二本书的末页一共咬穿了多少面书？也许你会觉得这道题简直太简单了，其实它可不像你想象的那么简单。

060 削土豆皮

一共有 400 个土豆，两个人来削皮。第一个人能削土豆 3 个 / 分，第二个人削 2 个 / 分，已知第二个人工作的时间比第一个人长 25 分。请问：这两个人各工作了多长时间？

061 两个工人

两个人用了 7 天的时间完成了一项工作，第二个人比第一个人晚工作 2 天。如果要单独完成这个工作，第二个人需要的时间比第一个人短 4 天。请问：两个人单独完成这项工作各需要多少天？

提示：这是一道纯算数题，解题过程中不需要用到分数。

062 两个打字员

将一份录入报告的工作交给两个打字员，其中一个有经验，2 时可以完成任务，另一个需要 3 时才能完成。为了在最短的时间内完成任务，他们需要多长时间？

这道题的解题方法类似于著名的蓄水池问题。那就是：在 1 时内，两个打字员各能完成全部工作的多少，然后把两个分数加起来，用 1 除以它们的和就可以了。

这是一个传统的方法，你能不能想出一个新的解题方法呢？

063 挖土工人

有 5 个挖土工人，他们能够在 5 时内挖出一条 5 米长的沟，请问：要想在 100 时内挖出一条 100 米长的沟，需要多少个挖土工人呢？

064 汽车和摩托车

有一个修车厂，一个月内修好了 40 辆车，有汽车也有摩托车，由于修车而生产的轮胎数是 100 个。请问：汽车和摩托车各有多少辆？（每一次修车需调换车上所有轮胎。）

小人国的大酒桶和水桶

在《小人国的游记》中，格列佛写到："当我吃完饭后，用手示意要喝水。于是，他们快速地把一个大酒桶吊起来，让酒桶滚到我的身边，我把盖子掀开后，一口气就喝完了。然后，他们又给了我一桶，我喝完后示意再来一桶，他们非常遗憾地告诉我，已经没有了。"

格列佛提到，小人国的人们使用的水桶只有顶针箍那么大。

在小人国里，真的存在这么小的大酒桶和水桶吗？

第五章

买和卖里的计算

066 柠檬的价钱

已知买 36 个柠檬的价格的数目正好与 144 元所买到的柠檬的个数相等，请问：柠檬的单价是多少钱？

067 帽子、雨衣、布鞋

某人用 140 元购买了一顶帽子、一件雨衣、一双布鞋。其中帽子和雨衣的价格总和要比布鞋的贵 120 元，另外，雨衣又比帽子贵 90 元。

你是否可以通过口算得出三件物品的单价？

068 我的花费是多少

我带着 150 元左右上街去购物，里面都是些 10 元和 2 元的纸币。最后花费掉了 $\frac{2}{3}$，剩余的 10 元纸币张数和开始的 2 元的张数同样多，而 2 元的纸币张数和开始 10 元的同样多。

我的花费是多少？

069 水果的分配

李子的单价是 1 元/10 个，苹果的单价是 1 元/1 个，西瓜的单价是 5 元/1 个。而我花费了 50 元钱一共购买了三种水果一百个。

它们的数量分别是多少？

10% 引起的变化

070

某种商品先是提价 10%，随后再减价 10%。针对提价前和减价后两个价格进行比较，哪一个更低？

071

剩余的啤酒

如图，这六桶啤酒是商店刚刚进来的，里面啤酒的数量分别是 15 升、16 升、18 升、19 升、20 升、31 升。就在同一天，有两个顾客分别购买了 2 桶和 3 桶；其中购买 3 桶的比购买 2 桶的顾客购买到的酒量多一半。就这样，在没打开桶盖的情况下，老板就卖出了 5 桶。

剩余的是哪一桶？

072

$\frac{1}{2}$ 个鸡蛋的秘密

集市上有个卖鸡蛋的人。他的第一个顾客购买了全部鸡蛋的 $\frac{1}{2}$ 再加 $\frac{1}{2}$ 个鸡蛋。第二个顾客购买了剩余的 $\frac{1}{2}$ 再加上 $\frac{1}{2}$ 个鸡蛋。第三个顾客购买了最后的一个鸡蛋。

这个卖鸡蛋的人原有多少个鸡蛋?

073 她们上当了

两个农妇各自带着 30 个鸡蛋到集市上去卖。一个农妇按两枚鸡蛋 5 戈比的方式卖鸡蛋,另一个农妇按 3 个鸡蛋 5 戈比的方式卖鸡蛋。卖完鸡蛋后,她们不会数数,只好找路人帮忙数钱,路人把钱接过去说:

"你们一个人卖 2 个鸡蛋 5 戈比,另一个人卖 3 个鸡蛋 5 戈比,也就是说,你们就是 5 个鸡蛋卖 10 戈比,一共是 60 个鸡蛋,也就是 12 个 5 戈比,也就是说,你们一共得到了 120 戈比,就是 1 卢布 20 戈比。"

路人把 1 卢布 20 戈比交给了两个农妇,还剩下了 5 戈比,他放进了自己的口袋。为什么会多出 5 戈比呢?

注:1 卢布 = 100 戈比。

074 买邮票

一个人去邮局买邮票,一共买了 100 枚价格分别为 50 戈比、10 戈比和 1 戈比的 3 种不同的邮票,一共花了 5 卢布。那么这三种价格的邮票,他分别买了多少枚?

075 善于经商的农夫

某农夫到市场上用 12 头牛换 49 头猪，但是这天的市场价是：3 头牛的价钱等于 2 匹马，15 匹马等于 54 只羊，12 只羊等于 20 头猪。请问农夫赢利了多少？

076 卖苹果

一个人有一个苹果园，他把所有苹果的一半加上半个卖给了第一位顾客，剩余苹果的一半加上半个卖给了第二位顾客，再剩余苹果的一半加上半个卖给了第三位顾客，一直这样卖下去，到了第七位顾客时，卖给他当时剩余苹果的一半加上半个，苹果刚好卖完。请问：苹果园的主人一共有多少个苹果？

有个人花了 156 卢布买了一匹马，但买后没多久，他就后悔了，把马退给了卖主，说道："用这个价钱买你的马太不划算了，你的马根本就不值这么多钱！"

卖主听完后，改变了卖马的策略，提出这样的条件："如果你觉得买马太贵了，那就买马蹄铁上的钉子好了，买完了所有的钉子，我就把马送给你。每个马蹄铁上有 6 个钉子，一共有 4 个马蹄铁。第一个钉子你只要给我 $\frac{1}{4}$ 戈比就行，第二个钉子给 $\frac{1}{2}$ 戈比，第三个给 1 戈比，依此类推，直到买完所有的钉子。"

买主经不起这种诱惑，想要白白得到一匹马，便接受了卖主的提议，心里想着，所有的钉子肯定超不过 10 卢布。

请问：买主需要花多少钱买这匹马？

第六章

钟表谜题

6 的奥妙

你可以找一个带过怀表的人，特别是长时间佩戴怀表的人，假定他戴了15年的时间。随后，和他进行如下的谈话：

"你每天都要看很多次表吧？"

"是的，差不多20次。"

"也就是说，你看表的次数每年都要有6 000次，15年就是6 000×15次呀，这都要10万次了。你一定非常熟悉自己的怀表，毕竟都看了10万次了！"

"没错，没错！"

"那么，对于怀表表盘的样子，你一定很清楚了。你是不是可以把表盘上6的样子画出来给我们看一看呢。"

随后，你把笔和纸交到他的手里。

你可以看他画完的东西，和表盘上相同的时候不会很多。

这是什么原因呢？

快慢不同的表

有三块快慢不同的表被我放到了家里，其中表A走得准确无误；表B一天一夜慢1分钟，表C快1分钟。它们的时间在1月1号这一天某时刻都非常准确。这样，再过多长时间，它们的时间会再一次的准确无误？

080 两个表

在一个小时里，原本一个快 1 分、一个慢 2 分的两个表在昨天被我调准确了。因为钟弦没劲了，两个表今天全停了。停表的时间一个是 7 点，另一个是 8 点。

我昨天调表的时间是多少？

081 重合的时间

在十二点的时候，时针和分针就会重合在一起。但这并非是时针和分针重合的唯一时间，它们在一天之内会重合很多次，这是大家都比较了解的事情。你能列举出这些时刻吗？

082 反方向指示的分针和时针

分针和时针会在 6 点的时候指向相反的方向，像这样分针和时针指向相反方向的时刻还有哪些？

在6的两翼

我们表分针和时针分布在6的两翼，并且距离同样远，这是几点几分？

时 间

在什么时间，时针超越12的距离和分针超越时针的距离相等？这样的时间在一天里有几个？或者根本没有这样的时间？

情况相反的时候呢？也就是分针超越12的距离和时针超越分针的距离相等，那又是什么时刻？

敲钟的时间

钟敲了3次，这个过程用了3秒的时间，那么，钟敲7次需要多长的时间呢？

注意：这道题不像表面上那么简单，里面有陷阱。

时针和分针的对调问题

有一天，爱因斯坦生病了，他的朋友莫希柯夫斯基为了帮他打发无聊的时间，出了这样一道题：

当分针和时针都指向 12 的时候，把它们对调，它们所指示时间的位置是合理的，是存在的。但是，其他的时刻就不是这样了。例如，6 点时，把时针和分针对调，时间就不对了：当时针指向 12 的时候，分针不可能指向 6。那么，什么时间分针和时针可以对调，而且对调后的时间确实存在？

看完这道题，爱因斯坦说道："这个问题很适合生病卧床的我，它不仅有趣还有一定的难度。不过，只怕打发不了多少时间，因为我快要解出来了。"

说完后，爱因斯坦坐起来，在纸上画了一个草图。不久，就把这道题解出来了……

大家想一下，这道题的答案到底是什么呢？

087 奇怪的回答

"要去哪儿呢？"

"赶 6 点的火车。多长时间后出发？"

"在 50 分钟前，超过 3 点的分钟数是剩下的时间的 4 倍。"

请问：这个奇怪的回答指的是什么？现在的时间吗？

第七章

速度计算问题

088 飞 行

有架飞机只用了 1 时 20 分就从甲地飞到了乙地，可是仅用了 80 分时间就从乙地飞回了甲地。这是什么原因？

089 火车速度

对于火车的行驶速度，坐在车厢里的你一定非常好奇，你是否可以根据火车轮子发出的声音计算出火车的速度？

090 对开的两列火车

甲、乙两地分别开出了两列火车，它们的方向是相对的。在两车相遇之后，速度快的火车到达乙地用了 1 时，速度慢的火车到达甲地用了 2 时 15 分。快的速度是慢的速度的几倍？

091 帆船比赛

帆船比赛的要求是：以最快的速度行驶完 24 千米路程，随后返航。帆船 A 来回全程的速度都是 20 千米 / 时；帆船 B 来回时速分别是 16 千米和 24 千米。

通过观察应当可以看出，B 去时落后的距离和回来时超过的距离应当是相等的，可是获胜的却是帆船 A。

这是什么原因呢？

092 距离与流速

20 千米 / 时是轮船的顺流速度，15 千米 / 时是逆流速度，和回程相比较，从甲地到乙地节省了 5 时。

请问甲、乙两地的距离是多少？

093 电车谜题

查理与自己的未婚妻乘电车去郊游，可是因为带的钱不够用，所以他们要走回来。

假如电车的速度是 9 千米 / 时，而他步行的速度是 3 千米 / 时，他们来回就要用 8 时。他们乘坐电车的时间最多是多少？

094 无轨电车

一个人沿着电车轨道行走，发现每隔12分有一辆电车赶上他，每隔4分有一辆电车迎面驶过。已知：行人和电车都是匀速前进的。那么，始发站每隔几分钟驶出一辆电车？

过河问题

A 城和 B 城位于一条河的两边，A 城在上游，B 城在下游。轮船从 A 城到 B 城需要 5 时（中间不停），从 B 城到 A 城是逆流，还是原来的速度走了 7 个时。请问：乘坐木筏从 A 城到 B 城需要多少时间（木筏的速度等于流速）？

侦察船

一支舰队在海上行驶，其中的一艘侦察船被派去侦察舰队前方 70 海里的海域。已知舰队前进 35 海里 / 时，侦察船前进 70 海里 / 时，请问：多长时间后侦察船可以回归舰队？

第八章

奇怪的称量

100万件的重量

89.4克是一件物品的重量，那么100万件这样的物品有多重？不可使用纸笔，一定要用口计算。

蜂蜜和煤油

350克是一罐煤油的质量，500克是一罐蜂蜜的质量，和蜂蜜比较，煤油要轻一半，并且两个空罐质量是一样的。

空罐质量是多少？

圆 木

一根原本质量30千克的圆木，在被增加1一倍的直径、缩短一半的长度后，新的质量是多少？

平衡的天平

把一个质量为2千克的铁砝码和一个质量为2千克鹅卵石放在一个天平的两端，天平保持平衡。随后慢慢把天平放入水里，结果会怎样呢？

101 整块肥皂的质量

如图所示，平衡的天平两端分别放置着一块大肥皂和 $\frac{3}{4}$ 块大的肥皂加上一个 $\frac{3}{4}$ 千克的砝码。大肥皂有多重？

最好不要动笔，尽量使用口算。

102 天平上的大猫和小猫

13 千克是 3 只大猫和 4 只小猫的质量，15 千克是 4 只大猫和 3 只小猫的质量。如果所有大猫的质量都相等，所有小猫的质量也相等。那么，请口算出大猫和小猫的单个质量分别是多少千克？

103 玻璃球和海螺

12 个玻璃球的质量和 3 枚棋子加上 1 个海螺质量相等。1 枚棋子加上 88 个玻璃球和 1 个海螺质量相等。那么，几个玻璃球的质量和一个海螺相等？

104 水果的质量

10 个桃子的质量刚好等于 3 个苹果加上 1 个鸭梨的质量；1 个鸭梨的质量刚好和 1 个苹果加上 6 个桃子的质量。

那么，1 个鸭梨和几个桃子的质量相等？

105 杯子的个数

如图所示，1 个牛奶缸和 1 个杯子加上 1 个瓶子的质量相等；1 个瓶子和 1 个碟子加上 1 个杯子的质量相等；3 个碟子和 2 个牛奶缸质量相等。

那么，一个瓶子和几个杯子的质量相等？

阿基米德谜题

　　有个古老的故事，它是讲基耶龙定制皇冠的。基耶龙是很久以前锡拉库兹国的国王，他要请工匠打造一个皇冠，把一定数量的黄金和白银送到了工匠那里。最后称量成品皇冠表明工匠如数把黄金和白银用在了打造皇冠上。

可是有人揭发工匠师傅偷换了其中部分的黄金和白银。国王请来了阿基米德，要他确定有多少黄金和白银保留在了皇冠里。这个谜题被阿基米德顺利解决了，他利用的关系式是在水中纯金失重 $\frac{1}{20}$，纯银失重 $\frac{1}{10}$。

　　如果，你想对自己的能力

进行考验，我可以透露给你，国王交给工匠的黄金和白银分别重 8 千克和 2 千克。皇冠在水里被阿基米德称得的质量是 9.25 千克，而不是 10 千克。有多少黄金被工匠偷换了。在这里我们可以假想皇冠中间没有缝隙，是实心的。

107 十倍制天平

在十倍制的天平上，100 千克重的铁钉和铁砝码达到了平衡，当天平被水淹没的时候，它的两端还能保持平衡吗？

108 砝码和铁锤

有一份 2 千克的糖，要把它分成小份的，每一小份是 200 克。只有一个 500 克的砝码和一个 900 克的铁锤可以使用，请问：怎么用这个砝码和这个锤子称出 10 袋的糖？

第九章

动脑筋的数学

七个数字的计算

在一张纸上面，顺序写好 1，3，4，5，6，7。

在它们中间填写加减号，使其最后的结果为 40，这是件很容易的事情，就像是：

$$12+34-5+6-7=40$$

还是添加加减号，可是这次的结果是 55，而不是 40。

十个数字的计算

用加号把 0 ~ 9 十个数字连接起来，使其最后的结果是 100。方法有不少于 4 种，你能想得到吗？

结果为 1

运用各种运算符号把从 0 ~ 9 十个数字连接起来，使其最后的结果为 1。

五个 2

使用各种运算符号把 5 个 2 连接起来，使其最后的结果分别是 15、11、12 321 等。

113　37

用各种运算符号把 5 个 3 连接在一起，使其最后的结果是 37。

114　四个 3

用各种运算符号把 4 个 3 连接起来，使其最后的结果是 12，好比：3+3+3+3=12，这其实一点也不难。

可要使其结果为 15 或者 18 就有些困难了：

$$（3+3）+（3×3）=15$$

$$（3×3）+（3×3）=18$$

那么结果是 5 的情况呢？这就要考验一下大家的智力了：

$$\frac{3+3}{3}+3=5$$

问题是如何使其结果分别为 1，2，3，4，5，6，7，8，9，10。其中结果为 5 的情况，我们已经给出来了。

115　四个 4

还是上面的问题，不过是用 4 个 4 替代了 4 个 3，两者的难度相当。

116 五个 9

你是不是可以用至少两种方法连接 5 个 9，使其最后的结果为 10。

117 24

我们很容易可以用 3 个 8 表示出 24，比如：

$$8+8+8=24$$

假如换成是其他三个相同的数字呢？解答方法有很多。

118 30

把 3 个 5 用运算符号连接在一起，很轻松就可以得出 30，比如：

$$5 \times 5+5=30$$

换成另外三个相同的数字，使其结果为 25 就不太简单了。动手试一试，你找到的方法肯定不止一种。

119 1 000

1 000 是不是可以用 8 个相同的数字表示出来呢？

120 如何得出 20

下面的三个数字，每个一行，

111

777

999

把其中的 6 个数字去掉，剩下的数字竖式和是 20，你知道怎样做吗？

121 如何得出 1 111

下面是五个奇数，每个一行，

111

333

555

777

999

把其中的 9 个去掉，剩下的所有数字组成的竖式结果为 1 111。开动脑筋，答案不止一种。

122 180° 旋转

在以前某个世纪里有个年份，组成它的四位数字在经过 180° 旋转之后，刚好是原来数字的 4.5 倍。

123 如此年份

在经过 180° 旋转之后表示的年份没有发生变化，20 世纪里是否具有这样的年份？

124 和与积

有两个正整数，它们的和比乘积要大，它们是哪两个？

125 和等于积

有两个相同正整数，它们的和等于积，求这样的整数？

126 偶素数

对于素数，大家并不陌生。只能被 1 和自身整除的正整数就是素数。1 和素数之外的所有正整数都是合数。

合数是不是包含了所有偶数，是否存在偶素数？

127 三个数

哪三个正整数的和与积相等？

加乘运算

$$2×2=4$$
$$2+2=4$$

大家都可以看出上面两个等式的特点。

这是正整数里唯一的特例，和与积相等。

可是和与积相等的特点还存在于不相同的两个数里。你可以找找看。提示你一下，这样的数不止一组，也不一定都是整数。

积和商

两个正整数的乘积与其中较大的一个除以较小的一个得出的商相等，它们是哪两个数？

两位数

哪一个两位数在除以自己的两个数字和之后得出的结果仍然是两个数字和。

131 刚好 10 倍

60 与 12 的乘积刚好是它们和的 10 倍，这样的数还有几对，你是否找得出来？

132 两个数字

哪两个数字表示的正整数是最小的？

133 最大数

4 个 1 写出的最大数字是多少？

134 奇特的数字

$$\frac{6729}{13458}$$

这是用 1 ~ 9 九个数字组成的分数，认真观察，它的值是 $\frac{1}{2}$。
你是否可以组合出值为 $\frac{1}{3}$，$\frac{1}{4}$，$\frac{1}{5}$，$\frac{1}{6}$，$\frac{1}{7}$，$\frac{1}{8}$，$\frac{1}{9}$ 的情况？

找乘数

$$
\begin{array}{r}
2\ 3\ 5 \\
\times\ \square\square \\
\hline
\square\ \square\ \square\ \square \\
\square\ \square\ \square\ \square \\
\hline
\square\ \square\ 5\ 6\ \square
\end{array}
$$

上面的竖式是被一个小学生写出来的，随后被擦掉了一部分，你可以根据剩余的数字判断出被擦掉的数字吗？

补　缺

你可以把抹掉的数字补上吗？

$$
\begin{array}{r}
\square\ 1\ \square \\
\times\ 3\ \square\ 2 \\
\hline
\square\ 3\ \square \\
3\ \square\ 2\ \square \\
\square\ 2\ 5 \\
\hline
1\ \square\ 8\ \square\ 3\ 0
\end{array}
$$

猜数字

和上一个题目类似，猜一猜乘数是哪两个？

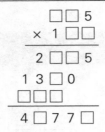

138 奇怪的乘式

$$159 \times 48 = 7632$$

认真观察上面的乘式，里面从 1 ~ 9 这个几个数字分别出现了一次。这样的式子你还能列出几个？

139 求 商

思索下面的竖式，我们只清楚商的倒数第二位是数字 7，你可以猜出完整的数字吗？仅有一个答案。

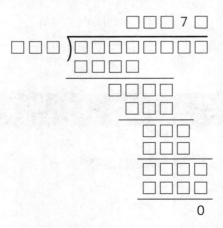

140 被除数是多少

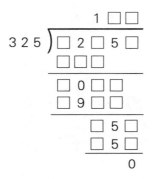

141 11 的整倍数

写出一个所有位数都不相同的 9 位数，并且，这个数是 11 的整倍数。要一个最大的和一个最小的。

142 填空一

这个六角形所有直线上的 4 个数字和都是 26，不过六个角上的数字和却是 30，是不是可以把 30 也变成 26？

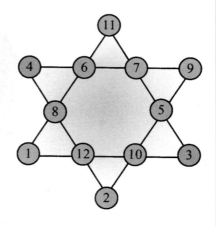

填空二

在图中的圆圈里填入从 1 ~ 9 这九个数字，使得所有直线上数字和都是 15。

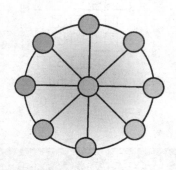

填空三

在空格里填入从 1 ~ 13，使得所有横行和竖列的数的和都相等。

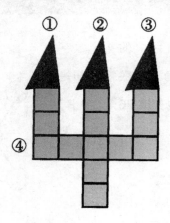

第十章

意外得救

弹簧锁的奥妙

早在 1865 年，人们就发明出了弹簧锁，可是很少有人了解它内部的结构是什么样子。这正是人们说弹簧锁和与之相配的钥匙数目巨大的原因。其实很简单，大家只要稍稍了解一下其内部构造就可以了。

如图所示，锁芯就是钥匙孔四周的小圆圈。锁芯转动自然就可以把锁打开，可是有五个小钢筋棍把锁芯卡在了固定位置，因此说这并非易事。要转动锁芯，就必须把小钢筋棍推到锁芯相应位置。这就是钥匙凸起部分起到的作用。其中长短不一的小钢筋棍数目决定了锁头的数目，这个数字真的很大。

如果每个小钢筋棍有 10 种长度，请计算一下弹簧锁的数目。

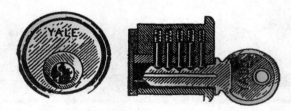

146 肖像的个数

如图所示，把一个人的头像画到一张硬纸上，随后剪成 9 片长条。这样的纸条应当很容易制作，前提当然是你要对绘画有一定的了解。相邻纸条间肖像的不同位置应当连接无缝隙（这甚至包括多个画面上的）。针对肖像的每一个部位，如果你制作了 4 片纸条，你的纸条总数就是 36 片，不同的肖像都可以通过这些纸条来拼凑。

这样的小玩具曾经风靡一时。如图就是用长方形木块制作出来的。利用其中的 9 片长方形的木块来拼凑，营业员说可以有 1000 种不同的拼法。

这是否可信？

147

树叶的尺寸

如果我们摘下一颗椴树上的所有树叶，使它们挨个摆放在一起，猜一猜它们的长度是多少，它们能否包围一座大房子？

148

100 万步的距离

对于自己的步子和 100 万的数目，你都不会陌生。那么，针对这个问题你就不应当有什么疑问，结果比 10 千米大还是小？

149

不要小瞧一立方米

面对这一群小学生，一个老师提问说："如果把一立方米的木材全部分解成一立方毫米的小块，随后一个个的往高处码放，高度有多少？"

5 000 米和 300 米……答案五花八门。

哪一个比较实际？

150 一杯豌豆

豌豆大家都不陌生，还常常装在杯子中把玩，它们的大小也很清楚。如果用豌豆装满一个杯子，然后用线把杯子中的豌豆一颗颗穿起来，像项链那样。如果把这些豌豆穿完，需要的线大约是多长呢？

151 水和啤酒

有两个瓶子，一个里面装的是 1 升啤酒，另一个里面装的是 1 升水。从第一个瓶子里倒一匙勺啤酒，然后放到第二个瓶子里，接着从第二个瓶子里倒出一匙勺混合液体，放到第一个瓶子里。请问：第一个瓶子里面的水多还是第二个瓶子里面的啤酒多？

152 两个人谁数的多

两个人站在人行道上，用了两个小时来数在他们面前经过的行人。其中，一个人站在自己的家门口数，另一个人不停地在人行道上行走着数。请问：他们两个人谁数的比较多？

第十一章

跳出困境

153 聪明的法官

勃洛大哥拉是古希腊有名的诡辩家，一位智慧传播者。有个叫做科万特啦的曾经跟随他学习律师技能等相关知识。师生之间有个事先商定好的条件：科万特啦交学费的时间就定在自己赢得第一场官司之后，也就是他崭露头角的时候。

经过一年多的学习，科万特啦总是不出庭辩护，自然无法交学费，这让勃洛大哥拉等得很着急。为了讨要学费，勃洛大哥拉把科万特啦告上了法院。在这位老师自己看来，无论输赢自己总能拿到学费。假如赢了，法院自然判决科万特啦交学费；假如输了，根据约定，科万特啦也要把学费交上来。

可是在科万特啦看来，老师输定了。他不愧是勃洛大哥拉的好学生。如果官司输了，根据约定，他可以拒付学费；如果赢了官司，那么根据法院的判决，自己根本就没有付学费的义务。

在宣判的日子，令法官很为难。可是法官最后想出一个两全其美的办法，他是如何判决的？

154 遗产的划分

这样的问题总会出现在古罗马律师的相互交谈里。

一个寡妇继承了一笔可观的遗产——3 500 里拉，那是她死去的丈夫留给她的。这是她和自己还未出生孩子的共同财产。罗马的法律有规定：假如生的是儿子，寡妇的财产就是儿子的 $\frac{1}{2}$；假如生的是女儿，寡妇的财产就是女儿的 2 倍。可是，最后寡妇生的是一男一女。

注：里拉为古罗马货币单位。

根据罗马的法律，她们应当怎样对财产进行分配？

155 牛奶分配问题

面对一杯 4 升的牛奶，和两个大小分别是 2.5 升和 1.5 升的容器。我们如何把这些牛奶平分成两份？

156 蜡烛作证

我正在看书，忽然家里停电了，于是拿出了两根蜡烛点上了，等到来电时把蜡烛熄灭了。我并没有注意停电和来电的具体时间。

几天以后却要调查停电的时间。也许可以通过蜡烛燃烧的时间来进行计算，但是我弄不清蜡烛的具体长短，只记得两支蜡烛同样长，并且直径不同：细一些的要 4 个小时烧完，粗一些的要 5 个小时烧完。这是两支全新的蜡烛，之前从来没有使用过。如今剩余的蜡烛头都被家人丢掉了。人们说太短了不值得留下了。

"那是不是记得清蜡烛的长度呀？"

"一长一短，长的是短的 4 倍。"

再没有其他线索了，你知道停电的时间吗？

157 侦查员过河

有三个都不会游泳的侦查员要过河，可是一没有船、二没有桥。河里只有 2 个小孩正在玩舢板。孩子们很乐意帮助侦查员。只是舢板太小了，它只能载一个侦查员，再加上一个小孩都不可以。

最终，他们却都安全过了小河。并且把舢板还给了孩子们。

他们是如何操作的？

158 大队分牛

有几个大队正在对公社的一群牛进行分配。首先是一大队分到了 1 头牛另外加上剩余的 $\frac{1}{7}$；其次是二大队分到了 2 头牛另外加上剩余的 $\frac{1}{7}$；再次是三大队分到了 3 头牛另外加上剩余的 $\frac{1}{7}$……最后刚好分完所有的牛。

请问大队的数量和牛的数量各是多少？

159 一平方米

小林真的不敢相信，一平方米里居然包含了 100 万平方毫米，他惊呼："不可能呀！我这张纸的长宽就是一米，里面的小格子就是一毫米，我真无法相信这些小格子有 100 万个。"

有人附和："不信可以数一数吗？"

小林的真的照做了，他每输完一格就点上一个点，从早晨起来就没有停，他的速度很快，一秒钟就可以数出一格。

这样，他一天是不是可以数完？

160 7 个苹果

在每个苹果最多切成 4 块的情况下，面对 7 个苹果，12 个人是不是可以均分？

161 100 个核桃

25 个人分配 100 个核桃，是不是可使得所有人分到的都是奇数？

162 如何分钱

两个人分别拿出 200 克和 300 克大米，然后一同煮了一锅饭。吃饭时刚好来了一个路人，三个人就一起吃，最后路人付了 5 角钱。

两个人应当如何分配这 5 角钱？

163 三个船主人

有一条船是三个人共同拥有的。他们用一条铁链和三把锁把小船锁了起了，为的是不让外人随意使用，可是自己都可以随意开动。他们每人配了一把钥匙，那么他们是如何锁的？

牛吃草的问题

牛顿在《普遍算术》一书中说："学习数学知识的时候，做题比死记规律有用得多。"因此，他在阐述理论的时候，总会举例来说明。其中，有一类题是根据"牛吃草的问题"衍生出来的。有一片茂密的草地，青草长得又绿又快。已知，70 头牛用 24 天的时间可以吃完这片草地上的草，30 头牛用 60 天可以吃完。请问：要想 96 天吃完这片草地上的草，需要多少头牛。

第十二章

幻 方

最小的幻方

一个正方形被划分成多个小方格，随后在这些小方格中要放入从 1 开始的自然数，而且要满足两个对角线、每一横行以及每一竖行上的数字相加结果相同的条件。这种给幻方填数字的古老游戏在今天仍然是很受欢迎的。

大家很容易就会想到，九格正方形是最小的幻方。如图所示，这便是一个九格幻方：

这个九格幻方对角线、横行与竖行上的数字之和都是 15。其实这个值在填写数字之前也能够求解出来，因为九格幻方中需要填入 1 至 9 这九个数字，九个数字相加的结果是 45，也就是上行、中行以及下行之和为 45，所以每行的数字之和便是 45 除以 3 的结果，即 15。

求每一行数字和的方法是通用的，无论幻方被划分为多少小方格，我们只要将所有的数字加起来再除以行数，便可以求出每行的数字之和。

4	3	8
9	5	1
2	7	6

映照与转动

一个幻方被填好后，通过它的变形便可以得到其他新的填法。图（1）中是一个已经被填好的九格正方形，如果我们将它转动 90°，如图（2）所示，一个新的填法便出现了。

6	1	8
7	5	3
2	9	4

（1）

8	3	4
1	5	9
6	7	2

（2）

6	1	8
7	5	3
2	9	4

（3）

2	9	4
7	5	3
6	1	8

（4）

图1

如果图1（1）中的幻方被转动270°或是180°，得出的又是其他两个新填法。

现在假设我们用镜子映照这些新填法，被映照出来的结果便是新的变形。图1（3）与图（4）中所展示的就是最初的填法与映照出来的新填法。

九格幻方被转动与映照以后便可得到如图2的八种填法。

下面呈现的便是九格幻方的所有填法了。

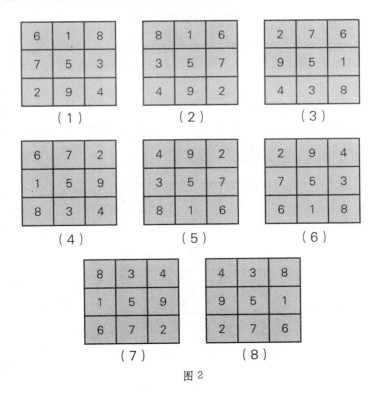

6	1	8
7	5	3
2	9	4

（1）

8	1	6
3	5	7
4	9	2

（2）

2	7	6
9	5	1
4	3	8

（3）

6	7	2
1	5	9
8	3	4

（4）

4	9	2
3	5	7
8	1	6

（5）

2	9	4
7	5	3
6	1	8

（6）

8	3	4
1	5	9
6	7	2

（7）

4	3	8
9	5	1
2	7	6

（8）

图2

填写诸如 3x3，5x5 此类的幻方有一种特别的方法，这是由 17 世纪法国数学家巴歇提出的。下面我们就以最简单的九格幻方为例来介绍一下这种古老的填数方法吧。

图中的正方形被分成九个格，如图 1 所示，1 ~ 9 这九个数沿着斜线的方向依次填好。

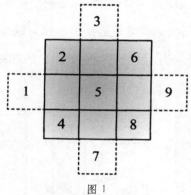

图 1

此时正方形外的数字移到正方形内它所在行、列的对面空格，于是一个九格幻方便诞生了，如图 2 所示。

2	7	6
9	5	1
4	3	8

图 2

如图 3 中展现的 5x5 格幻方运用的也是巴歇法。

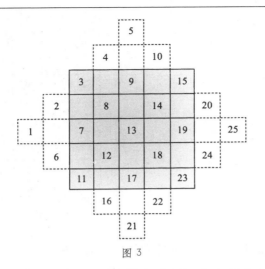

图 3

接下来需要我们做的是将图外的数字移到图内它所在行、列的对面空格内，如图 4 所示，一个 25 格幻方便被填好了。

3	16	9	22	15
20	8	21	14	2
7	25	13	1	19
24	12	5	18	6
11	4	17	10	23

图 4

这种填法虽然简单易懂，但它的理论依据很繁复，不过我们知道它是正确的就足够了。

168 印度法

巴歇法，又被称为"阶梯法"，奇数正方形的填法不仅只有这一种，据说纪元前在印度就出现了另一种简单的填法。这个填法中包含着六条规律，下面你要仔细观察一图中的 49 格幻方，然后认真思考这六条规律是如何被运用的：

❶ 把 1 写在顶行的正中间，把 2 写在 1 的右侧竖行的最后一格；

❷ 2 之后的数字顺着对角线的右上方被依次填好；

❸ 遇到最右侧的竖行时，接下来的数字就被填写到上一横行的最左面一格；

❹ 遇到最上面的横行时，接下来的数字就被填写到右侧竖行的最下面一格；

30	39	48	1	10	19	28
38	47	7	9	18	27	29
46	6	8	17	26	35	37
5	14	16	25	34	36	45
13	15	24	33	42	44	4
21	23	32	41	43	3	12
22	31	40	49	2	11	20

❺ 遇到早被填好的数字时就填入它下边的一格；

❻ 遇到最下面一行对角线方向没有空格的一格时，就在这一竖行的顶格填写。

掌握了这个填法，任意奇数正方形就都能被快速填好了。

这个填法不仅适用于格数是 3 的倍数的正方形，若填写其他格数的正方形，则第一条规律应改为：把 1 填写在最上边横行的正中与最左侧竖行的正中的对角线上的某一格中，之后的数字根据 2 至 5 条规律依次填好。

169 有偶数个小方格的幻方

到现在为止，还没有什么简便的方法适用于构造偶数个小方格构成的幻方。只有方格数可以被 16 整除的幻方，就是说，一边上的方格数是 4 的倍数的幻方才有比较简便易行的构造方法。

如图 1 所示，图中用 × 符号和○符号表示这两对相互对称的方格。

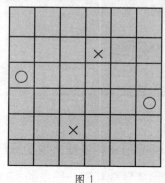

图 1

如果一个方格是上数第二行左起第四个，那么和它对称的方格就是下数第二行，右起第四个，如果你有兴趣，可以再试着找出几对相互对称的方格。你有没有发现，对角线上的方格都是相互对称的。

　　下面我们来介绍偶数个小方格的构造方法，以 64 个小方格的幻方为例，如下图所示，先把数字 1 ~ 64 填到方格中。

　　在这个幻方中，两条对角线上的数组的和相等，都是 260，如果你不相信，可以验证一下。

　　如图 2 所示，这个正方形的行和列的数组和是不相等的，最上面一行的数组和是 36，比要求的和小 260 − 36 = 224；最下面一行的数组和是484，比要求的和大了。

1	2	3	4	5	6	7	8
9	10	11	12	13	14	15	16
17	18	19	20	21	22	23	24
25	26	27	28	29	30	31	32
33	34	35	36	37	38	39	40
41	42	43	44	45	46	47	48
49	50	51	52	53	54	55	56
57	58	59	60	61	62	63	64

图 2

　　484 − 260 = 224，仔细观察你会发现，最下面一行方格中的每一个数字都比它们同一列中最上面一行的数字大 56，而 224 = 4×56，由此可以得知，如果把第一行中的四个数字和同列中最下面一行的数字位置互换，比如说把 1、2、3、4 和 57、58、59、60 互换位置，这两行组数和就相等了。

　　与此同时，还要保证每一列的数组和为 224，在这里，也可以通过互换位置来达到目的。但各行数字的位置已经调换了，问题就不那么简单了。

　　用下面这个方法，可以帮你更快地找到需要调换位置的数字，首先要把相互对称的数字互换位置，而不是置换各行和各列的数字，但只凭这一点还不行，我们知道了不是把所有的数字都换位置，而是把相互对称的数字互换位置，其他的数字则原地不动，但应该把哪些互相对称的数字互换呢？

解法如下：

❶ 图3（1）所示，把这个幻方分成4个正方形。

❷ 在左上角的小正方形中，标记上 × 符号的小方格达到半数，而每行每列中都有一半的小方格被标记上 × 符号。

1×	2	3	4×	5×	6	7	8×
9×	10×	11	12	13	14	15×	16×
17	18×	19×	20	21	22×	23×	24
25	26	27×	28×	29×	30×	31	32
33	34	35	36	37	38	39	40
41	42	43	44	45	46	47	48
49	50	51	52	53	54	55	56
57	58	59	60	61	62	63	64

图 3（1）

❸ 在右上角的小正方形的方格中与左上角小正方形中的标记对称标出 × 符号。

　　再把标记上 × 符号的小方格中的数字互换位置。

　　如图3（2）所示，这就是我们构造出来的有64小方格的幻方。

　　还有很多可以对左上角内小方格进行标记，同时又满足上述步骤❷的方法。

64	2	3	61	60	6	7	57
56	55	11	12	13	14	50	49
17	47	46	20	21	43	42	24
25	26	38	37	36	35	31	32
33	34	30	29	28	27	39	40
41	23	22	44	45	19	18	48
16	15	51	52	53	54	10	9
8	58	59	5	4	62	63	1

图 3（2）

如图所示，你也能找出很多调换左上角小正方形内方格的位置的方法。

接下来的方法按上述③、④步骤进行，还能得到几个不同的有 64 个小方格的幻方。

用这个方法就能快速简便地构造 12×12、16×16 个小方格的幻方了，你可以自己尝试做一做（图 4）。

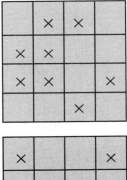
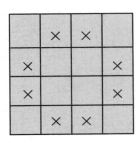
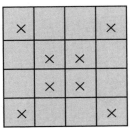
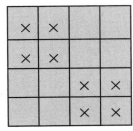

图 4

幻方名字的来源

与幻方相关的记录在四五千年前的中国文献中便出现了。

之后的古印度进一步探究了幻方，并且把它传授给阿拉伯人。这种数字排列被阿拉伯人理解为具备某种奥秘的特性。

在中世纪的西欧，占星术与炼丹术这两类伪科学代表人士把幻方当做一种宝藏，他们还认为若将画着幻方的佩饰戴在身上便可以消除灾害，"幻方"这个特别的名字便深受这些古代迷信思想的影响。

填写幻方不只是一种游戏，关于幻方的理论，很多著名的数学家都探究过。

一些重要的数学问题都运用到这个理论，比如，与幻方相关的理论可以用来解决大多数未知数方程式。

第十三章

我来猜一猜

现在就请你在心中想一个数字，接着按照要求去运算，然后就让我来猜一猜你计算出来的结果吧。

若咱们的结果不一样，那么请你一定要检验一下，我有信心我的猜测是准确的。

哪只手

找两枚面值分别是 2 戈比和 3 戈比的硬币，一手拿一枚，不要告诉你的两只手里各拿的是哪枚硬币。然后把右手中的硬币面值乘以 3，左手中的硬币面值乘以 2，然后把这两个结果相加，告诉我得出的结果是奇数还是偶数，我就能猜出你两只手里拿的是哪枚硬币了。

假设你右手中的硬币是 2 戈比，左手中的硬币是 3 戈比，应该这样计算：

（2×3）+（3×2）= 12

这时就告诉我，这个结果是偶数。

我就知道你右手里拿的是 2 戈比的硬币，左手里拿的是 3 戈比的硬币。

你知道这其中的奥秘吗？

多米诺骨牌

要做下面这个小魔术，就需要一定的技巧了，但这个技巧也有很多人不能理解。

告诉你同学，让他在心里选中一张多米诺骨牌，而你在隔壁房间就能知道他心里选中的是哪张。为了让他们相信，你可以蒙上眼睛坐在隔壁房间，让你的同学在心里选中一张骨牌，然后你问他选中的是什么样的骨牌，你不需要看骨牌和你的同学，就可以正确地回答出这个问题。

这个小魔术的奥秘在哪儿呢？

173 让我们猜猜看

无论你们在什么地方，只要你们心里想好一个数字，我都可以将它猜出来，下面就让我来猜一猜你们想好的那个数字吧。

"数字"与"数"是两个不同的概念，"数"有无数个，而"数字"指的却是 0 ~ 9 这十个自然数，现在就请你随意想一个数字吧。那个数字你想好了吗？下面就需要你进行运算了。

首先用它乘 5，然后得出的结果乘 2，接下来再加上 7；现在抹掉得数第一位的数字，然后被留下的末位数字加上 4，减去 3，再加上 9。

如果你是按照上面的要求认真运算的话，那么你的最终结果一定是 17。

我是不是猜对了呢？你若是不相信自己的眼睛，那咱们就再来一次吧！

下面就用你想好的那个数字乘 3，得数再乘 3，然后把你想的那个数字加上，再加上 5。此时同样只留下得数的末位数字，然后用它加上 7，减去 3，加上 6。

现在就让我猜猜你的结果吧，你的结果一定是 15。

我猜的结果对吗？如果不对，我有信心一定是你算错了，就让咱们继续试验吧！

想好一个数字了吗？首先用它乘 2，乘 2，再乘 2，然后得出的结果加上你想的那个数字，一次不够，要再加一次哦，此时的得数再加上 8。同样只把末位数字留下来，用它减去 3，再加上 7。现在你的结果一定是 12。

无论猜几次，我都有信心能够猜对，其实聪明的你肯定懂得，我在猜你想好的数字之前这本书便已经出版了。因此，你想的那个数字决定不了我猜出的结果，那么其中的奥秘到底是什么呢？

174 猜出三位数

你在心中想一个三位数。首先用百位上的数字乘以 2 之后再加上 5，然后得数再乘以 5，此时把你想好的三位数的十位上的数字加上，乘以 10 之后再加上三位数的个位上的数字。现在只要告诉我你的运算结果是多少，我便可以猜出你心里想的那个三位数。

比如，你想好的那个三位数若是 387，百位上的数字乘以 2，即 3 乘 2，结果为 6；加上 5 之后结果是 11；再乘 5 得数为 55；此时加上十位上的数字，即 8 加上 55，结果为 63；再乘 10 便得到结果 630；最后把个位上的数字 7 加上之后的结果是 637。

如果你算出的结果是 637，那么我就可以猜出你想好的那个三位数。

我是如何猜出来的呢？

175 数字魔法

现在请随意想一个数。用它加上 1，再乘以 3，再加上 1，然后再把你想的那个数加上，得数是多少呢？将你计算的结果告诉我吧。

接下来我用你计算的结果减去 4 之后再除以 4，此时的得数便是你想的那个数。

举个例子说吧。假如你想的那个数是 12，加上 1 得 13，乘以 3 得 39，再加上 1 之后是 40，此时再加上想好的数便是 52。

如果你把 52 讲出来，我用它减去 4 之后再除以 4 便得到 12，这正是你心里想好的那个数呢。

这到底是怎么回事呢？

176 猜出你的出生月日

想好自己的出生月日，然后你就按照下列要求进行运算。

用出生的日数乘以 2 之后再乘以 10，加上 73 之后再乘以 5，接下来再把出生的月数加上。

你把最终的结果告诉我，我便能够说出你的出生月日。

比如，假设你的生日是 8 月 17 日，首先用 17 乘以 2 得 34，再乘以 10 得 340，340 加上 73 的得数是 413，413 乘以 5 之后的结果是 2065，这时加上出生月数的最终结果为 2073。

只要你把 2073 告诉我，我便能够说出你是在 8 月 17 日出生的。

如何才可以做到这一点呢？

177 猜出你的年龄

现在你就按照要求进行运算，让我来猜出你的年龄。

首先你要写出两个相差结果大于 1 的数字；

然后在这两个数字中间再随意写一个数字；

接下来需要把这个三位数的顺序前后颠倒；

接着需要用大的三位数去减小的三位数，差数的顺序前后颠倒之后再与此差数相加；

最后再把自己的年龄加上。

只要你把计算的结果告诉我，我就可以猜出你的年龄了。

假如你今年 16 岁，你写下的数字是 25，运算步骤如下：

25；275；572；

572−275=297；297+792=1089；1089+16=1105。

如果你把 1105 这个结果讲出来，我就能猜出你的年龄。

我是如何猜的呢？

178 猜出兄弟姐妹的数量

要想知道一个人有几个兄弟姐妹，那么就让他按照你的要求进行运算吧。

首先用兄弟数加上 3，得数乘以 5，再加上 20，然后再乘以 2，此时把姐妹数加上，再加上 5。只要他说出计算的结果，你就可以猜出他的兄弟姐妹的数量了。

比如，一个人有 7 个姐妹，4 个兄弟，他需要进行下面的运算：

4+3=7；7X5=35；35+20=55；

55X2=110；110+7=117；117+5=122。

当他告诉你结果是 122 时，你就可以准确地判断出他有几个兄弟姐妹了。

179 奥秘在何处

现在就请你的朋友随意写出一个各位数字都不相同的三位数吧。

假设他写的是 648，首先要让他把这个数前后颠倒过来，并且用大数减掉小数，即 846 减掉 648，得数为 198。

然后这个差数的顺序也要前后颠倒，把 198 变为 891，最后把 198 与 891 这两个数相加，计算的结果为 1089。

他是独自完成运算的，所以他一定认为计算的结果只有他才知道。

此时你拿出一本电话簿，首先请他找到前三位数所指的那一页，即第 108 页。然后在这一页按照第四位的数字由上往下或由下往上数，当他数到 9 的时候你就可以说出这个号码。

通过他随意想的一个数你就可以说出那个电话号码，他肯定觉得这是一件不可思议的事情。那么这其中的奥秘到底在何处呢？

180 惊人的记忆力

魔术师们总是可以记住大量的数目、词语等内容，他们这种惊人的记忆力使观众们赞叹不已。其实你也可以表演这种精彩的魔术，下面我就来教你吧。

准备 50 张卡片，如图所示，将符号与数字都写清楚。每张卡片的左上方都有一个由英文字母与数字构成的编号，同时还有一行数字。下面你就把写好的卡片

A. 24020	B. 36030	C. 48040	D. 540050	E. 612060
A1. 34212	B1. 46223	C1. 58234	D1. 610245	E1. 712256
A2. 44404	B2. 56416	C2. 68428	D2. 7104310	E2. 8124412
A3. 54616	B3. 66609	C3. 786112	D3. 8106215	E3. 9126318
A4. 64828	B4. 768112	C4. 888016	D4. 9108120	E4. 10128224
A5. 750310	B5. 870215	C5. 990120	D5. 10110025	E5. 11130130
A6. 852412	B6. 972318	C6. 1092224	D6. 11112130	E6. 12135036
A7. 954514	B7. 1074421	C7. 1194328	D7. 12114235	E7. 13134142
A8. 1056616	B8. 1176524	C8. 1296432	D8. 13116340	E8. 14136248
A9. 1158718	B9. 1278627	C9. 1398536	D9. 14118445	E9. 15138354

分给大家，并且告诉他们你记得每张卡片上的数字，只要将编号提示给你，你就可以说出数字。比如他们提"E4"，你马上就可以回答 10128224。

这里共有 50 张卡片，每一张卡片上的数字又都很长，所以你的表演一定会让大家吃惊的。然而真相却是你并没有将这些数字背得滚瓜烂熟，记忆其实很简单。其中到底有什么奥秘呢？

181 迷人的记忆方法

首先你在一张纸上写下一串数字，大概 20 至 25 个，这串数字看不出有任何规律。接下来你就要自信满满地告诉大家，你可以将这些数字重新准确地写一次，并且你真正完成了这任务。

如何才能完成呢？

182 神秘的小立方体

如图所示，用硬纸片做成的四个小立方体的每个面上都写好数字。用这几个小方块便能够组织一个有意思的算术游戏。

首先你让同学们将这四个小正方体随意摆放一下，等摆放好你再去看，而且你要很迅速地说出被遮住的各面的数字之和。比如，观察图中摆好的长方体，你很快便可以说出被遮住的数字之和是 23。通过检验他们便会肯定你的答案了。

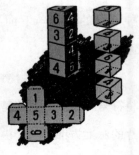

第十四章

一笔画

柯尼斯堡的七座桥梁

两百年前，在加里宁格勒（当时被称为柯尼斯堡）的普列格尔河上，有这样七座相连的桥梁

1736 年，只有三十来岁的大数学家欧拉对下面这个题目产生了深厚的兴趣：能不能在每座桥上只过一次就走过全部七座桥？

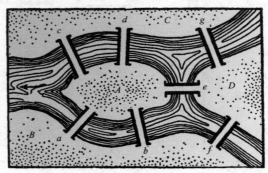

图 1

欧拉对柯尼斯堡的七座桥的问题进行了深入的研究，1736 年，他把对这个问题的研究成果提交给了彼得堡科学院。这个论文的开头就确定了类似问题所属数学的领域：

"在古代，数学天才们就仔细研究过几何学中测量大小及方法，莱布尼兹首先提出了这个领域之外名为'位置几何'的一个领域。这一领域不是研究图形的大小和尺寸，而是研究它们各部分之间相对的分布次序。

我不久前知道了'位置几何'的问题，现在，我要用我发现的方法来解答这个问题。"

欧拉在论文中提到的问题指的就是柯尼斯堡的七座桥的问题。

在这里，我们就不介绍欧拉对这个问题的论证过程了，而是要介绍他对这个问题的简要思路和最终结论。他认为，是不可能不重复经过任何一座桥

而走完所有的桥的。

如图 2 所示，这是替换支流的直观分布图。在上述问题中，小岛的面积和桥的长度根本没有意义（这就是拓扑学的特点：它研究的问题与图形的大小没有关系。）

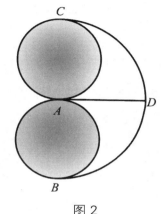

图 2

所以，在这个简化图中，用 A、B、C、D 来代表道路交汇处。也就是说，这个问题现在已经被简化为看图中的图形是否能够一笔画就的问题。

这个图形是无法一笔画就的，为什么呢？请看，按照问题的要求，应该沿着一条路走过 A、B、C、D 四处，再沿另一条路离开，除去起点和终点，也就是说，想要把这个图形一笔画就，需要在所有除起点和终点的交叉点上分别汇聚 2 条或 4 条路，总之必须是偶数条路，可在图中，A、B、C、D 四个点汇聚的线条都是奇数，所以，这个图形是无法一笔画就的，也就是说，柯尼斯堡的七座桥是无法按题目中要求的方法走完的。

184 七个问题

下面图中的 7 个图形，你能否在笔尖不离开纸，且不画多余的线条、一条线也不重复画两次的情况下，把它们画出来。

理论：在画出如图中的几个图形时你会发现，有的图形不管从哪个点开始画起都能一笔画出来，可有的图形只能从特定的点画起才能画出来，还有的图形不管从哪个点出发都无法画出来。它们为什么会有这样的区别呢？是不是有什么标志，可以在画之前就能看出某个图形是否具备一笔画就的特点，如果它具备，应该从哪个点画起呢？

对于这个问题，我们已经有了理论答案：

汇聚的线条数目为偶数的点为"偶数点"，汇聚的线条数目为奇数的点为"奇数点"。

不管是什么样的图形，只要它没有奇数点，都可以一笔画就，从哪个点出发都行。例如图形（1）和图形（5），就属于这种情况。

如果图形中只有一对奇数点，那么从任何一个奇数点开始画，都以将图形一笔画就，而且，是从第一个奇数点出发，到另一个奇数点停笔的。图形（2）、图形（3）和图形（6）都是这一类，在图形（6）中，应该从点 A 或点 B 出发开始画。

如果一个图形有一对以上的奇数点，就无法将它一笔画就。例如图图形（4）和图形（7），它们都有两对奇数点。

按照上述方法，就可以在画之前分辨出哪些图形无法一笔画就，哪些能，并能看出从哪一点出发开始画。对此，B·阿伦斯教授总结出了如下规律："要先认为给定图形的线条不存在，在画下一条线时，如果把这条线从图中抹去，图形仍然是完整的。"

以图形 5 为例，按路线 $ABCD$ 开始画，若先画 DA，那么只有 ABF 和 CDE 没有画，但这两个图形之间是不相连的，所以说，画完了 AFB 后，就无法再画 CDE 了，所以，如果先画 $ABCD$，接着就无法画 DA，应该画 $DCED$，再沿着 DA 画图形 AFB。

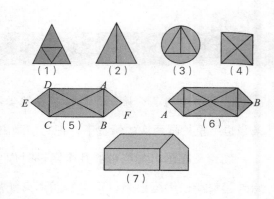

（1）　（2）　（3）　（4）

（5）　　（6）

（7）

一点理论

上题图的七个图形中，有的无论从哪一点出发都可以一笔画成，有的只能从特定的点出发才可以，还有的图形是不能用一笔画成的。是不是有什么特点可以帮助我们分析一个图形能否一笔画出呢？假如可以一笔画出，我们又将从哪一点出发呢？

一点理论对这些问题做了详细的讲解。下面我们先来了解一下这个理论中的某几个原理吧。

图中汇集了偶数条线条的点叫做"偶数点"，汇集了奇数条线条的点就是"奇数点"。

我们可以看出，上题图中的任一图形中，奇数点或者不存在，或者是成对出现。

没有奇数点的图形都可以一笔画出，并且从哪一点出发都行，图中的图（1）与图（5）便是这样的。

只有一对奇数点的图形也是可以一笔画出的，此时需要从某一个奇数点出发才行，同时另一个奇数点便是终点。图中的第（2）、（3）、（6）都是如此，以图（6）为例，出发点应该是点 A 或点 B。

存在不止一对奇数点的图形便不能一笔画出，图中（4）与（7）便是如此，它们都有四个奇数点。

上述的这些原理都能使你迅速判断出一个图形是否可以一笔画出，可以一笔画出的图形该从何点出发。阿林斯教授还提出了这样一条建议："要以保持图形的完整性为基础来选择线条的前行方向，若保证图形完整的线条消失了，那么已经画出的线条也没有意义了。"

假如我们画图（5）时根据 $ABCD$ 的次序开始，接下来我们画 DA，此时 BDE 与 ACF 这两个图形便被剩下了，而连接这两个图形的线也都已经用过了，因此这种连接方法是不可取的。正确的方法应该是画完 *ABCD* 之后画 *DBED*，然后顺着 *DA* 再转到 *AFC* 上。

186 再来七个问题

请尝试一笔画出下面的七个图形。要求依然是每条线只能经过一次，笔尖不可以离开纸张。

187 圣彼得堡的桥梁问题

如图所示，这里有 17 座桥梁连接着圣彼得堡的各地，你能一次性经过这 17 座桥梁吗？

与肯尼别尔格桥梁相比，这次的任务是可以完成的。我们已经讲述了充足的理论知识，大家肯定能完成。

第十五章

几何学游戏

188 老式马车

老式马车的特点是前轮比后轮小，现在需要解决的问题是为何马车的前轮比后轮磨损得严重呢？

189 多少条棱

六棱柱形铅笔到底有多少条棱呢？许多人可能会认为这是一个极度幼稚的问题。

在查阅答案之前一定要认真思考这个问题哦。

190 图中的物品

你猜一猜图中画的是什么呢？

这些都是常见的生活用品，只是摆放的样子你可能感觉不习惯，因此猜出它们的真面目可能有些困难。

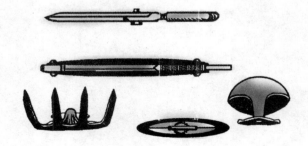

玻璃杯上造大桥

如图所示，这里摆放着 3 把刀子与 3 个玻璃杯，杯子间的相互距离都比刀身长。题目的要求是在不移动杯子并且不加上其他物品的情况下，用 3 把刀子架成 1 座桥把 3 个杯子连起来。

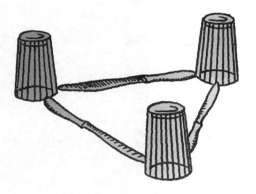

如何连接木块

你能做到吗？

如图所示，它是一个由上下两块完整的木头组成的方木块，上面的木块有榫，下面的木块有槽，榫被巧妙地嵌在了槽里。请你认真观察图形，说说木匠师傅是如何把上下两块木头连接起来的呢？

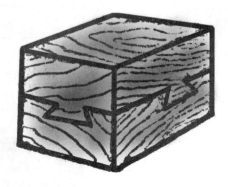

一个木塞堵三种孔

如图所示，这块木板被挖出了六行形状各异的孔，题目的要求是用一个木塞能堵每行的三种孔。

解决第一行很容易，用图中右下角的那个木塞就可以。

为其他各行的孔都找到符合要求的木塞就没那么简单了，不过那些对机械制图很了解的人完成这项任务会很轻松，因为这个问题的实质就是按照三个投影图制造零件。

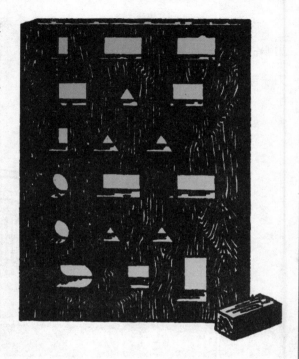

找一个木塞

如图所示，一块木板上有正方形、三角形和圆形的三个孔。能不能做一个能堵住所有孔的塞子？

195 再找一个木塞

如图所示，如果你已经成功解决了上一道题，那么你能试着做出能堵上这些孔的塞子吗？

196 第三个找木塞

如下图所示，有没有一个塞子，能把这三种孔堵上？

197 两个茶杯

如图所示，第二个茶杯的宽度是第一个的 1.5 倍，而第一个茶杯的高度是第二个的 2 倍，你能判断出哪一个茶杯装水比较多吗？

198 四个立方体

图中 4 个实心立方体的制作材料相同，但是大小不一，它们的高度分别是 12 厘米、10 厘米、8 厘米以及 6 厘米。若是把它们放到天平两端，怎样放才能使天平保持平衡呢？

199 半桶水的测量

一个开着盖的桶中似乎装着半桶水，你很想搞清楚是否正好为半桶水，还是比半桶多或是比半桶少，在没有任何测量工具辅助的情况下，怎样才能做到呢？

200 哪个木箱重

这里有两个大小相同的立方体空木箱。如图所示，一个大铁球被放进左侧的木箱，球的直径等于箱子的高度，而一些小铁球被装满右侧的木箱里。

此时的木箱哪个更重呢？

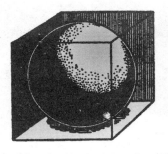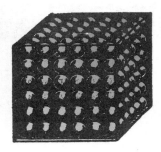

201 三条腿的桌子

三条腿的桌子不会晃动，即使三条腿长短不一也不会晃动，这种观点正确吗？

202 国际象棋的棋盘

国际象棋棋盘上共有 64 个小方格，那么这样的棋盘上包含着多少个大小不一的正方形呢？

203 玩具砖块

建筑用砖每块的质量是 4 千克，而孩子们的玩具小砖块是用相同的材料制成的，只是小砖块的长宽高的尺寸都小 $\frac{3}{4}$，玩具小砖块的质量到底是多少呢？

204 小个子与大个子比重量

如果身材相近，身高 1 米的小个子与身高 2 米的大个子比较，大个子能重几倍呢？

205 绕着赤道走一圈

假如我们可以沿赤道绕地球一圈，我们的落脚点画出的线比头顶画出的那条线短。

那么这两条线相差多少呢？

206 用放大镜观察

一个 1.5° 的角用一个 4 倍的放大镜观察之后是多少度呢？

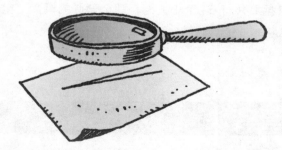

207 相似形

认真观察图，然后回答下面的两个问题：

❶ 图（2）中里面的四边形与外面的四边形是相似形吗？

❷ 图（1）中里面的三角形与外面的三角形是相似形吗？

（1） （2）

208 塔的高度

某城市有一座高塔，现在给你一张塔的照片，你能从中得知塔的高度吗？

209 苍蝇的路线

一滴蜂蜜沾到了一个圆柱形玻璃罐的内壁上，它离罐口 3 厘米。这时，一只苍蝇飞到了蜂蜜对称位置的外壁上。

这个玻璃罐的直径是 10 厘米，罐高 20 厘米。

为了找到蜂蜜，请你根据已知条件为苍蝇指出一条最短的路线吧。

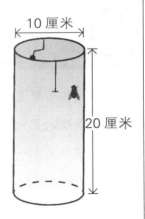

10 厘米

20 厘米

210 甲虫的路线

这里有一块长为 30 厘米，宽为 20 厘米，高为 20 厘米的长方体花岗石，一只甲虫想从点 A 出发，走最短的路线到达点 B。

它应该如何走呢？走过的路程有多远呢？

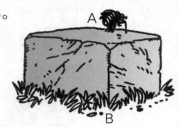

蜜蜂的旅程

一只蜜蜂很喜欢旅行，它离开蜂巢之后便一直朝南飞去，飞行一小时后，它在长满三叶草的山坡上停下，它在花朵上嬉戏了半小时。

小蜜蜂又要启程去山坡西边的果园了，它要去寻找盛开的醋栗。飞了 $\frac{3}{4}$ 时后它到达果园，看到旺盛的醋栗，小蜜蜂很开心，它又逗留了 1.5 时。

最后它飞最近的路线回到了家。

请问小蜜蜂的旅行用了多长时间呢？

聪明的乌鸦

我们在小学课文中都学过"乌鸦喝水"的故事。这个故事讲的是一只口渴的乌鸦找到了一个盛水的瓶子，瓶子里水很少，乌鸦喝不到。于是这只聪明的乌鸦想出了一个好办法：它往瓶子里投小石子。这个方法非常管用，不一会儿，水面就升高到了瓶口，于是乌鸦喝到了水。

在这里，我们不要考虑故事的真实性，只从几何学的角度考虑它，下面这道题就是和这个故事相关的题：如果瓶子里只有半瓶水，乌鸦能喝到水吗？

参考答案

 第一章　移动互换

001 站 队

如图所示，把 24 个人的队形站成正六边形就可以了。

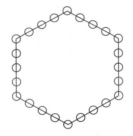

002 九宫格

　　也许你会认为这根本就不可能，其实这并非不可能，只要你用点计策就能做到了。如图所示，不必移动圈中的硬币，只要把最上面一排硬币挪到最下面就行了，这样的话，就在不移动圆圈中的硬币的情况下把硬币重新排列了。

3	1	2
1	2	3
2	③	1

如图所示，我们为所有方格子都编了号，并且把正面放置的一分、二分、五分硬币用 A、B、C 表示，把反面放置的一分、二分、五分硬币用 a、b、c 表示。这些都是为了方便表述。

步骤如下：

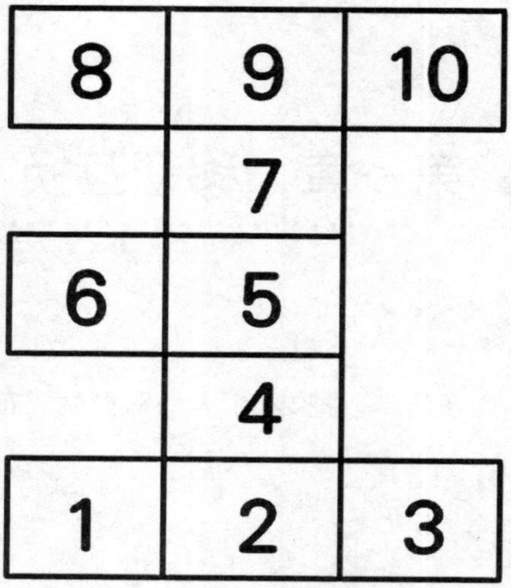

第一步	b	2 到 6
第二步	a	1 到 7
第三步	b	6 到 1
第四步	a	7 到 6
第五步	B	9 到 2
第六步	A	8 到 4
第七步	a	6 到 8
第八步	A	4 到 9
第九步	B	2 到 7
第十步	c	3 到 6
第十一步	B	7 到 3
第十二步	A	9 到 2
第十三步	C	10 到 4
第十四步	c	6 到 10
第十五步	C	4 到 9
第十六步	A	2 到 7
第十七步	b	1 到 6
第十八步	A	7 到 1
第十九步	C	9 到 2

8	9	10
	7	
6	5	
	4	
1	2	3

第二十步　　*b*　6 到 9

第二十一步　*C*　2 到 6

第二十二步　*B*　3 到 7

第二十三步　*C*　6 到 3

第二十四步　*B*　7 到 2

互换完成，一共是 24 步。

004 9 个 0

解答方法如图所示：

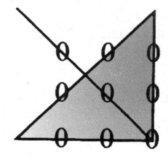

005 36 个 0

如图所示，空白的地方就是被去掉的 12 个 0。

0		0	0	0	
			0	0	0	0
0	0	0			0
0	0		0		0
0	0			0	0
	0	0	0	0	

006 围棋黑白子的摆放

324 是棋盘方格的总数，这样首先放置的黑色棋子就有 324 种选择，而在黑棋子放好之后，白棋子的选择还有 323 种，因此，不同的放置方式有：324×323=104 652（种）。

007　落在窗帘上的苍蝇

如图所示，三个苍蝇移动的方向就是箭头所指的方向。

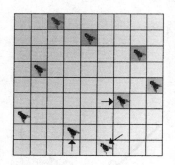

008　数字移动

23 步是最少的移动步骤，具体如下：1–2–6–5–3–1–2–6–5–3–1–2–4–8–7–1–2–4–8–7–4–5–6

009　对调家具

移动的最少次数是 17 次，移动的顺序是：钢琴→书橱→酒柜→钢琴→书桌→床→钢琴→酒柜→书橱→书桌→酒柜→钢琴→床→酒柜→书桌→书橱→钢琴。

010　城堡的建设

我们给出了两个城堡免受直接攻击的情况，如图（1）所示，图（2）是一个城堡免受直接攻击的情况。

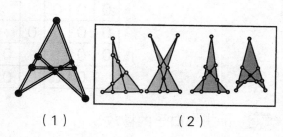

（1）　　　　　　　（2）

011 砍树问题

剩余的果树如图所示：

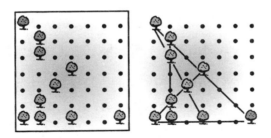

012 抓老鼠

要把开始地方放在从白老鼠开始顺时针方向的第 7 只就可以了，这样白老鼠就会最后被吃掉。

013 伶俐的士兵

4 个人离开时，士兵排列如图 b；

6 个人离开时，士兵排列如图 c；

4 个客人来访时，士兵排列如图 d，

8 个客人来访时，他们的排列如图 e；

12 个客人来访时，他们的排列如图 f。

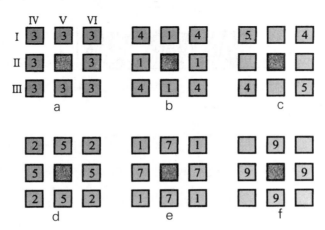

不难看出离开的人数最多就 6 个，来访的人数最多 12 个。

小松鼠和小白兔

下面给出的是最少的移动次数，数字的含义是从哪一个木桩上跳到哪一个木桩上，例如，1–5 表示的是从 1 号木桩上跳到 5 号木桩上。最少需要跳跃 16 次， 跳跃的顺序是：

1 号小白兔从 1–5，3 号小白兔从 3–7–1，8 号小松鼠从 8–4–3–7，

6 号小松鼠从 6–2–8–4–3，1 号小白兔从 5–6–2–8，3 号小白兔从 1–5–6，

8 号小松鼠从 7–1。

015 三兄弟和三条路

如图所示，这就是三兄弟找到的三条不会交叉的路线。

其中，只有雅科夫不会绕远，彼得和巴维尔都必须要绕远，但三兄弟绝对不会在路上碰面。

🍀 第二章　拼拼剪剪

 划线分猪

解答方法如图所示：

017 平均分成 4 份

划分方法如图所示。

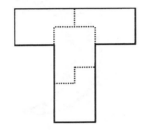

018 拼 图

剪切和拼凑的方法如图所示：

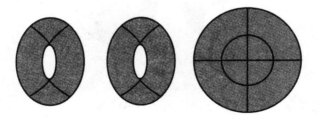

019 表 盘

78 是表盘上所有数字的总和，6 等分后就是

13。这样题目就简单了很多，解答方法如图所示。

020 月 牙

解答方法如图：

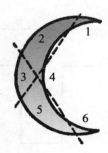

021 平分逗号

分割和拼凑的方法如图所示：

022 正方体的表面展开

答案如图所示，一共是 10 种不同的展开方式。

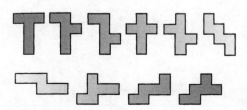

023 拼凑正方形

解答方法如图所示，对三角形的划分方法，通过长直角边和斜边的中点画一条直线。

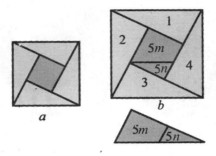

024 镰刀和锤子

从图中可以看出拼接镰刀和锤子的方法。可以把思维扩展一下， 试着用正方形的 7 个小部分拼出人、野兽，或者建筑物等各种各样的图形。

025 拼出正方形

如图所示，用剪出的 4 部分拼出正方形。

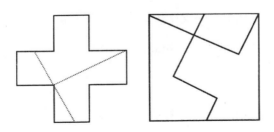

把苹果拼成公鸡

如图所示，根据提示，你能自己把这4部分拼成公鸡了吗？

第三章　思考、计算

乘法口诀

略。

鸟与树

思路应当是这样的：和第一次相比较，第二次要多出几只鸟才能使得所有树都落上鸟；第一次多余着一只鸟没有树可落，第二次是空着一棵树没有鸟，也就是说，第二次要比第一次多 1+2=3 只鸟才能保证所有树上都落满鸟。这样每棵树上的鸟是原来的 2 倍。很明显是 3 棵树、4 只鸟。

兄弟姐妹

4个兄弟和3个姐妹，一共7人。所有的兄弟都有3个兄弟和3个姐妹，所有的姐妹都有4个兄弟和2个姐妹。

早　餐

在这里吃饭的只有3个人：爷爷、爸爸和儿子。

031 单人的 $\frac{3}{4}$

小组的 $\frac{1}{4}$ 就是一个人的 $\frac{3}{4}$，这样单人的 $\frac{3}{4}$ 的 4 倍就是整个小组的人数，

$$\therefore \quad \frac{3}{4} \times 4 = 3 \text{（人）。}$$

032 年龄是多少

根据题意，孙子的年龄 $\times 7=$ 儿子的年龄，孙子的年龄 $\times 12=$ 爷爷的年龄。假设孙子的年龄是 1 岁，那么儿子的年龄是 7 岁，爷爷的年龄是 12 岁，一共是 20 岁。而 100 岁是 20 的 5 倍。也就是说孙子的年龄是 5 岁，儿子的年龄是 35 岁，爷爷的年龄是 60 岁。

033 年龄最大的是哪一个

两个人一样大，都是 6 岁。

计算过程如下：2 年后，儿子的年龄是 2 年前的 2 倍，并且大 4 岁，换句话说，他 2 年前的年龄是 4 岁，如今的年龄是 4+2=6（岁）。

女儿的年龄也是 6 岁。

034 儿子的年龄

今年儿子的年龄是 15 岁，父亲的年龄是 45 岁。

035 具体的年龄

这道题目假如用方程来解一定会非常简单。我们用 x 来表示要求的岁数，那么 $x+3$ 就是 3 年后的年龄；$x-3$ 是 3 年前的年龄，根据题意列方程得出：

$$3(x+3)-3(x-3)=x$$

解方程，得 $x=18$。

喜欢动脑筋的这个人今年的年龄是 18 岁。21 岁是 3 年后的年龄，15 岁是 3 年前的年龄，$3 \times 21-3 \times 15=18$，这刚好是今年的年龄。

036 两个儿子和三个女儿

根据题意，小牛的年龄是小妞年龄的 2 倍，二妞、小妞的年龄之和是小牛的 2 倍，也就是二妞、小妞的年龄之和是小妞年龄的 4 倍，也就是说，二妞比小妞大 2 倍。

另外就是，大牛、小牛的年龄和是二妞、小妞年龄和的 2 倍，小牛的年龄是小妞的 2 倍，而二妞的年龄比小妞的大 2 倍，因此，大牛的年龄和小妞年龄的 2 倍之和比小妞的年龄大七倍，也就是大牛的年龄比小妞的年龄大 5 倍。

最后得出：大牛的年龄是 10.5 岁，比小妞的年龄 1.75 岁大 5 倍；

小牛的年龄是 3.5 岁，比小妞的年龄大 1 倍；

二妞的年龄是 5.25 岁，比小妞大 2 倍；

大妞的年龄是 21 岁。

037 工 龄

今年两个人的工龄分别是 4 年和 8 年。可以利用方程来求解。

038 棋局的数量

3 个人都进行了 1 局，这是多数人的回答，可是 3 个人，或者是任何奇数个的人下棋，都不可能每个人进行 1 局，毕竟他们都要有自己的对手才好。让我们用 *A*、*B*、*C* 来表示三个人，他们的对局分别是：

A 和 *B*

A 和 *C*

B 和 *C*

所有人都是 2 局，他们都要和其他对手进行 1 局，因此 3 局棋每个人都要进行 2 局。

039 去公社

设上坡时速为 *x* 千米 / 时，下坡时速为 *y* 千米 / 时：

则
$$
\begin{cases}
\dfrac{8}{x} + \dfrac{24}{y} = 2\dfrac{5}{6} \\[2mm]
\dfrac{24}{x} + \dfrac{8}{y} = 4\dfrac{1}{2}
\end{cases}
$$

解得
$$
\begin{cases}
x = 6 \\
y = 16
\end{cases}
$$

由此得出，下坡的时速是 16 千米。从而得出上坡时速是 6 千米。

040 两个小朋友

两个小朋友的苹果数量分别是 7 个和 5 个。

根据一个小朋友在得到另一个小朋友 1 个苹果后，两者的苹果数量同样多，可以得出两人开始的苹果相差是 2 个。可是另外一个小朋友在得到了 1 个苹果后，就会比他的同伴多 4 个，这刚好是 1 倍，由此得出这个小朋友的苹果是 8-1=（7）个。

其同伴的苹果是 4+1=5 个。

041 钢笔盒子的价钱

5 角是多数人的回答，但是在钢笔为 2 元的时候，两者的差价并不是 2 元，而是 1 元 5 角。满足条件的答案是，钢笔为 2 元 2 角 5 分，钢笔盒子 2 角 5 分。

042 蜂蜜的分配问题

假如考虑到 21 个桶里的蜂蜜总数是 7+3.5，这样问题就简单多了。

这样每个生产队都会分到 7 个桶和 3.5 桶蜂蜜。

分配方法有两种，如下表所示：

	生产队一	生产队二	生产队三
第一种方法	2 个满桶 3 个半桶 2 个空桶	2 个满桶 3 个半桶 2 个空桶	3 个满桶 1 个半桶 3 个空桶
第二种方法	1 个满桶 5 个半桶 1 个空桶	3 个满桶 1 个半桶 3 个空桶	3 个满桶 1 个半桶 3 个空桶

邮票的数量

此人 1 分、1 角和 5 角的邮票的枚数分别是 60 枚、39 枚和 1 枚。

044 钱数是多少

答案一共是四种，具体如表所示：

	答案一	答案二	答案三	答案四
面值为 1 角	5	15	25	35
面值为 1 元	36	25	14	3
面值为 10 元	1	2	3	4
总张数	42	42	42	42

045 手套与袜子

因为袜子不分左右，所以袜子只需随意拿出 3 只就可以了，其中总有两只颜色是相同的。

手套就复杂多了，除了颜色，它还要区分左手和右手。这样它要拿出 21 只，才可以。

046 甲虫与蜘蛛

有 5 个甲虫 3 个蜘蛛，可以用假设法。

可以假设里全是甲虫，这样腿的总数是 6×8=48（条）。

和原题相差 6 条，然后逐一用蜘蛛替换，每替换 1 个就会增加 2 条腿，这样，替换 3 只就可以了。

047 一只蜗牛

需要 10 个昼夜和一个白天的时间才能爬到树尖。蜗牛每天爬的距离为 1 米，在 10 昼夜的时间，能爬到 10 米高。最后一个白天，可以爬 5 米，正好爬到树尖了。

048 皮带扣多少钱

你一定认为皮带扣的价格是 8 戈比，这样想的话，你就错了。因为如果是这样，那么皮带扣就比皮带便宜 52 戈比，而不是便宜 60 戈比，并不符合题意。

所以说，皮带扣的价格应该是 4 戈比，而皮带的价格是 68 − 4 = 64（戈比）这时的皮带扣比皮带的价格便宜 60 戈比，与题意相符。

049 玻璃杯的数量

仔细观察可以看出，第三排架子和第一排架子相比，多了一种中号的容器。根据题意可知，每个架上的容器的总容积相等，所以，1 个中号的容器就是 3 个小号容器的容积之和。所以说，每只中号容器可以装得下 3 玻璃杯的水，如果把第一排架子上的中号容器换成玻璃杯，那么第一排架子上的容器就变成了 1 个大号的容器和 12 只玻璃杯，把它与第二排架子上的容器相比较，就知道大号容器可以装下 6 玻璃杯的水。

第四章　劳动里的智慧

050 水　池

扩大水池的方法如图所示，扩大后正方形各边的中点就是树的位置，它扩大后的正方形面积是原来正方形的 2 倍。证明这一点很简单，只需在原来正方形里画上两条对角线，然后数一数三角形的个数就可以了。

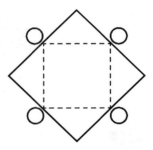

051 小　桥

如图所示，先把一根火柴斜放搭在水沟上，使它和大正方形形成一个角，然后把另一根火柴搭在它和小正方形角尖上面。

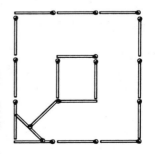

过河问题

小船要用 9 次才能把这全家 4 口全都送到对岸：

①两个儿子到对岸　　　一个儿子回来　　　　　2 次

②妈妈到对岸　　　　　另一个儿子回来　　　　2 次

③两个儿子到对岸　　　一个儿子回来　　　　　2 次

④爸爸到对岸　　　　　另一个儿子回来　　　　2 次

⑤两个儿子到对岸　　　　　　　　　　　　　　1 次

你可以尝试着用火柴来表现过河的情形。

053　裁　缝

这个检验方法不够准确。虽然正方形对折后两部分肯定重合，但不是能够重合的图形都是正方形。如图，这几个都是四边形，沿着对角线对折后完全重合，但它们都不是正方形。

只能说，这种方法检验出来的图形是对称的。

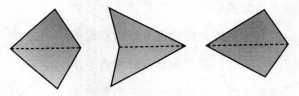

054　木匠的困惑

如图所示，取 de 边的中点，然后使其连接点 c 和点 a，这两条线段就是锯子锯切的线路。

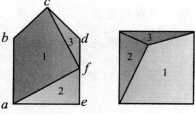

055 时间的长短

截成 5 段只要 4 锯就可以了，总的时间就是 1.5×4=6（分）。

056 工资分配问题

只要把高出的 30 元分配到 6 个木工头上，就可以得出装修队的平均工资，也就是 200+5=205（元）。

因此，家具工人的工资是 205+30=235（元）。

057 连接铁链

把一段铁链上的三个铁环全部打开，然后，把其余 4 段连接好就可了。

058 面粉的质量

把十次的质量相加得出 1 156 千克，这是 5 袋面粉质量的 4 倍，由此得出 5 袋面粉的质量是 289 千克。

我们用 A、B、C、D、E 来表示由轻到重的五袋面粉，可以很容易得出 A 和 B 的重量就是 110 千克；A 和 C 的重量是 112 千克；C 和 E 的重量是 120 千克；D 和 E 的重量是 121 千克。

由此推出 A、B、D、E 四袋面粉的重量是 110+121=231（千克）。

而用 5 袋面粉的总重量减去四袋面粉的总重量就可以得出 C 的重量是 58 千克。这样问题就解决了。最后得出：

A 的质量是 54 千克；

B 的质量是 56 千克；

C 的质量是 58 千克；

D 的质量是 59 千克；

E 的质量是 62 千克。

吃书的小虫

也许你会认为，小虫一共咬穿的书面为 800 + 800 = 1600（面）。

再加上两本书的封面。其实这样计算是错误的，这两本书是挨着放的：第一本在左边，第二本在右边，那么第一本的首面就是第二本书的最后一面。现在你能看出从第一本书的第一面到第二本书的最后一面之间有多少页了吧？是的，这中间只有两面封面。也就是说，小虫只咬穿了两本书的封面而已，并没有咬书面。

060 削土豆皮

在多出的 25 分里，第二个人共削了土豆 50 个。从 400 个土豆中减去这 50 个，剩下的土豆 350 个是两个人在相同的时间内削完的。两个人削土豆 2+3=5 个 / 分，350÷5=70（分）。

也就是说两个人都工作了 70 分钟。

第一个人的工作是时间是 70 分，第二个人的工作时间是

$$70+25=95（分）。$$

他们削的土豆的数量是：$3\times70 + 2\times95=400$，正好和题中的条件相符。

061 两个工人

如果两个人各做一半工作，那么，第二个人需要的时间比第一个人少 2 天（因为单独完成这项工作，第二个人需要的时间比第一个人需要的短 4 天）。两个人共同工作的时候，第二个人正好晚了 2 天，也就是说，两个人各做了一半工作，第一个人用了 7 天的时间，第二个人用了 5 天的时间。所以，第一个人独自完成这项工作需要 14 天，而第二个人需要 10 天。

062 两个打字员

新的方法是这样的，首先设定一个问题：要怎么分配工作，两个打字员才能同时完成任务？显然，只有这样需要的时间才是最短的。由于有经验的

人的打字速度是没有经验的人的 1.5 倍，也就是说，第一个人的工作量是第二个人的 1.5 倍的时候，他们才能同时完成任务。由此得出，第一个人要完成报告的 $\frac{3}{5}$，第二个人完成 $\frac{2}{5}$。

这时，就快求出答案了，只需要求出第一个人完成报告的 $\frac{3}{5}$ 需要的时间。由于完成全部的工作需要 2 时，那么，完成 $\frac{3}{5}$ 需要的时间就是 $2 \times \frac{3}{5} = \frac{6}{5}$（时）。

在这段时间内，第二个打字员也能完成自己的工作。

所以，两个打字员完成报告需要的最短的时间是 1 时 12 分。

063 挖土工人

很容易产生这样的错觉，既然 5 个挖土工人在 5 小时内能够挖出 5 米长的沟，那么，100 时内挖出一条 100 米长的沟需要 100 个挖土工人。其实，正确的答案是只要 5 个挖土工人。

实际上，5 个挖土工人 5 时挖 5 米，也就是说，5 个挖土工人 1 时能够挖 1 米，自然 100 时挖 100 米。

064 汽车和摩托车

如果 40 辆都是摩托车，那么，需要的轮胎数量是 80，比实际的数量少了 20 个。用 1 辆汽车代替 1 辆摩托车，会多出 2 个轮胎。因此，为了多出 20 个轮胎，需要用 10 辆汽车去代替 10 辆摩托车。也就是说，一共有 10 辆汽车，30 辆摩托车。

轮胎的总数是：$10 \times 4 + 30 \times 2 = 100$（个），正好和题中的条件相符合。

065 小人国的大酒桶和水桶

如果小人国的大酒桶和水桶跟我们平时使用的桶的形状一样，那么，他们的大酒桶的长、宽、高就都是我们的 $\frac{1}{12}$，体积就是我们的 $\frac{1}{1728}$。假如我们的水桶可以盛下 60 杯水，他们的水桶仅仅能够盛 $\frac{60}{1728}$，大约是 $\frac{1}{30}$ 杯水，只有一匙勺而已。这样一来，水桶的容量的确和顶针箍差不多。

如果说水桶的容量类似于顶针箍，那么，大酒桶的容量大约是水桶的10倍，它的容量也不到半杯水。所以，格列佛喝完两大酒桶后，还是不能解渴，那是可以理解的。

第五章　买和卖里的计算

 066 柠檬的价钱

根据题意，我们得出：36个柠檬的价钱（单位：元）是：

$$36 \times （单个柠檬的价格）$$

而144元钱买来的柠檬数是：$\dfrac{144}{单个柠檬的价格}$

$$36 \times （单个柠檬的价格）= \dfrac{144}{单个柠檬的价格}$$

$$36 \times （单个柠檬的价格）^2 = 144，（单个柠檬的价格）^2 = \dfrac{144}{36}$$

所以，单个柠檬的价格 $= \dfrac{12}{6} = 2$（元）

067 帽子、雨衣、布鞋

因为帽子和雨衣的价格比布鞋贵120元，所以两双布鞋的价格应当是140−120=20元，而布鞋的单价是10元。

由此推出帽子、雨衣的价格是140−10=130元，根据雨衣比帽子贵90元得出：雨衣110元，帽子20元。

068 我的花费是多少

可以通过方程求解，用 x 表示开始时10元纸币的张数、用 y 表示2元纸币的张数，这样 $10x+2y$ 就是开始的总钱数。

而 $10y+2x$ 为剩余的钱数，并且后者为前者的 $\dfrac{1}{3}$，

得出方程：$10x+2y=3(10y+2x)$

最后得出 $x=7y$。在根据开始的钱数为 150 元左右，得出

x 为 14，y 为 2，总钱数为 144 元。我的花费是 96 元。

069 水果的分配

看起来答案不止一个，其实仅有一个答案是和题意相符的，如下表所示：

	个数	总价值
李子	60	6
苹果	39	39
西瓜	1	5
小计	100	50 元

070 10% 引起的变化

一定要谨记，两种价格是有区别的。设原价为 1，提价后就是 1.1，减价后就是 0.99，所以说后者价格更低些。

071 剩余的啤酒

根据题意购买 3 桶的比购买 2 桶的顾客买到的酒量多一半，可得出 3 桶的酒量之和是 2 桶的酒量之和的 2 倍。比较这 6 桶酒，发现只有

$$（16+19+31）=（15+18）×2$$

所以，剩余的一桶是 20 升的，购买三桶的是 16 升、19 升、和 31 升。购买两桶的是 15 升和 18 升，前者比后者多一半。

072 $\frac{1}{2}$ 个鸡蛋的秘密

总的鸡蛋个数为 7 个。

073 她们上当了

路人的计算方法是错的，两个农妇出售鸡蛋时，一个人卖 2 个鸡蛋 5 戈比，一个人卖 3 个鸡蛋 5 戈比，可路人却把她们的收入当成一样的了，5 个鸡蛋

10 戈比，就是 1 个鸡蛋 2 戈比。其实第一个农妇按 2 个鸡蛋 5 戈比的价格卖 30 个鸡蛋，一共卖了 15 组；第二个农妇按 3 个鸡蛋 5 戈比的价格卖 30 个鸡蛋，一共卖了 10 组。她们出售的鸡蛋，平均价格是多于 2 戈比的。她们的收入应该是：$\frac{30}{2} \times 5 + \frac{30}{3} \times 5 = 1$ 卢布 25 戈比。

074 买邮票

这道题的解法只有一种：他买了 1 枚 50 戈比的邮票，39 枚 10 戈比的邮票，60 枚 1 戈比的邮票。这样，他一共买的邮票数量为 1 + 39 + 60 = 100（枚），一共花费了 50 + 390 + 60 = 500（戈比），也就是 5 卢布。

075 善于经商的农夫

这个农夫赢了 1 头猪。因为有 12 头牛，而 3 头牛的价值等于 2 匹马，12 头牛等于 8 匹马，而 15 匹马的价值等于 54 只羊，故 8 匹马等于 $\frac{8 \times 54}{15}$ 只羊，又因为 12 只羊值 20 头猪，所以 12 头牛相当于猪有 $\frac{8 \times 54}{15} \times \frac{20}{12} = 48$（只）。现在农夫共得了 49 头猪，所以他赢利了 1 头猪。

076 卖苹果

设苹果园的主人一共有苹果 x（个），那第一位顾客买到的苹果的数量是：

$$\frac{x}{2} + \frac{1}{2} = \frac{x+1}{2}$$

第二位顾客买到的苹果的数量是：

$$\frac{1}{2}\left(x - \frac{x+1}{2}\right) + \frac{1}{2} = \frac{x+1}{2^2}$$

第三位顾客买到的苹果的数量是：

$$\frac{1}{2}\left(x - \frac{x+1}{2} - \frac{x+1}{4}\right) + \frac{1}{2} = \frac{x+1}{2^3}$$

…

第七位顾客买到的苹果的数量是：$\frac{x+1}{2^7}$

根据题意，得

$$\frac{x+1}{2}+\frac{x+1}{2^2}+\frac{x+1}{2^3}+\cdots+\frac{x+1}{2^7}=x$$

整理，得

$$(x+1)\times\left(\frac{1}{2}+\frac{1}{2^2}+\frac{1}{2^3}+\cdots+\frac{1}{2^7}\right)=x$$

上面的方程式化简得

$$\frac{x}{x+1}=1-\frac{1}{2^7}$$

解方程，得 $\qquad x=127$

所以，苹果园的主人一共有 127 个苹果。

077 买 马

根据题意可知，4 个马蹄铁上钉子的总数是 24，也就是说，需要买 24 个钉子，支付的钱数是：

$$\frac{1}{4}+\frac{1}{2}+1+2+\cdots+2^{24-3}$$

$$=\frac{2^{21}\times2-\frac{1}{4}}{2-1}=2^{22}-\frac{1}{4}$$

$$=4\ 194\ 303\frac{3}{4}$$

将近 42 000 卢布。在这样优厚的条件下，卖主当然可以白白送马了。

🍀 第六章　钟表谜题

078 6 的奥妙

绝大多数人都会想到 6 或者 Ⅵ。

这说明，对于一个看了 10 万次的东西，你可能仍然不熟悉。那里怀表的秒针根本没有 6 这个数字。

079 快慢不同的表

它们的时间再一次的准确无误要等 720 个白天和黑夜。到那时，慢的表会走慢 12 小时，快的表要走快 12 小时，它们的时间就会再次相同。

080 两个表

昨天调表的时间是 11 点 40 分。走快的表每小时比走慢的表快 3 分，20 小时就会走快 1 时，可是这和实际的时间相比，才快了 20 分，因此调表的时间是 19 时 20 分前。

081 重合的时间

在 12 点时，时针和分针重合在一起。但是在此后的一个小时里，它们不会再次重合了，因为时针比分针慢 $\frac{11}{12}$。1 时后，分针到了 12，时针到了 1。这就为再次重合创造了条件，因为走得慢的时针跑在了前面。根据速度测算，经过 $\frac{1}{11}$ 时，也就是 $\frac{60}{11}$ 分，时针和分针会再次的相遇。

此后，每隔 1 时 $\frac{60}{11}$ 分钟，两针就会相遇一次。

由此得出所有的重合时间是：

第一、1 点 5 $\frac{5}{11}$ 分；

第二、2 点 10 $\frac{10}{11}$ 分；

第三、3 点 16 $\frac{4}{11}$ 分；

第四、4 点 21 $\frac{9}{11}$ 分；

第五、5 点 27 $\frac{3}{11}$ 分；

第六、6 点 $32\frac{8}{11}$ 分；

第七、7 点 $38\frac{2}{11}$ 分；

第八、8 点 $43\frac{7}{11}$ 分；

第九、9 点 $49\frac{1}{11}$ 分；

第十、10 点 $54\frac{6}{11}$ 分；

第十一、12 点。

082 反方向指示的分针和时针

此题的解答方法和上一题十分相似。我们同样把两针重合的 12 点作为起点，只要分针超过时针半圈两针的指向自然相反。

分针此时走 $\frac{11}{12}$ 圈就可和时针重合，而超越半圈所用的时间就是 $\frac{1}{2} \div \frac{11}{12} = \frac{6}{11}$ 时。也就是说，在 12 点之后再过 $\frac{6}{11}$ 时，即 $32\frac{8}{11}$ 分，两针会指向相反的方向。

这个时刻并非是唯一的，再经过 $32\frac{8}{11}$ 两针会再次指向相反，这样的结果同样有 11 次，依次是：

$$12 \text{ 点} + 32\frac{8}{11}\text{分} = 12 \text{ 点} 32\frac{8}{11}\text{分}$$

$$1 \text{ 点} 5\frac{5}{11}\text{分} + 32\frac{8}{11}\text{分} = 1 \text{ 点} 38\frac{2}{11}\text{分}$$

$$2 \text{ 点} 10\frac{10}{11}\text{分} + 32\frac{8}{11}\text{分} = 2 \text{ 点} 43\frac{7}{11}\text{分}$$

......

剩下的大家慢慢算吧。

083 在 6 的两翼

解题思路同上一题目。把起点同样设在两针重合的 12 点。用 x 来表示时针走出的距离，那么，分针在同样时间里可以走出 $12x$。假如这个时间在一小时之内，那么，要满足题目要求就一定要满足时针走出的距离和分针走的距离 $12x$ 相等。也就是说：

$$1-x=12x$$

解放程，得 $x=\dfrac{1}{13}$。时针走完这段距离要 $\dfrac{12}{13}$ 时，也就是 12 点 $55\dfrac{5}{13}$ 分。比时针快 11 倍的分针走出的是 $\dfrac{12}{13}$ 圈，此时两个指针和 12 的距离相等，它们与 6 的距离同样相等。这是在 12 点到 1 点之间的答案。而在 1 点到 2 点之间同样有一个答案，方程为：

$$1-（12x-1)=x \text{ 或者 } 2-12x=x$$

解方程，得 $x=\dfrac{2}{13}$。此时是 1 点 $50\dfrac{10}{13}$ 分。

如此类推，两针会在 6 点之后交换位置。

084 时 间

假如把开始同样设在 12 点，那么在 1 点之前是没有这样情况出现的。

此后，我们用 x 表示时针离开 12 的距离，分针就是 $12x$，得出 $12x-1=2x$，而 $10x$ 就是一圈，那么，$x=\dfrac{1}{10}$ 圈。接下来让我们看一看这样的位置有几个，在 12 时内应当有不止一个才对。这些时刻分别是：

1 点 12 分、2 点 24 分、3 点 36 分、4 点 48 分、6 点、7 点 12 分、8 点 24 分、9 点 36 分、10 点 48 分、12 点。

其中，6 点和 12 点是两个特殊的情况，它们同样是符合题意的。

有了前面的解答，相反的情况就不难解答了。经过推理可以得出第一次出现这种情况的时刻：

$12x-1=\dfrac{x}{2}$，x 为 $\dfrac{2}{23}$ 圈，也就是 1 点 $2\dfrac{14}{23}$ 分。接下来是第二次，第三次，……

085 敲钟的时间

好多人的回答是 7 秒，其实这是不正确的。

钟敲击 3 下，有两个时间间隔，两次间隔是 3 秒，单次就是 1.5 秒。

而钟敲击七下，里面有 6 个间隔，时间是 1.5×6=9（秒）。

086 时针和分针的对调问题

我们以表盘的为 $\dfrac{1}{60}$ 单位，表示表针从 12 走过的距离。

假设走到了符合题中要求的位置，时针走了 x 刻度，分针走了 y 个刻度。

由于时针每小时走 5 个刻度，所以走 x 个刻度需要的时间是 $\dfrac{x}{5}$ 小时。也就是说，在 12 点之后，时针走了 $\dfrac{x}{5}$ 小时。分针每分钟走一个刻度，走 y 个刻度需要 $\dfrac{y}{60}$ 小时。换言之，分针是在 $\dfrac{y}{60}$ 小时前走过数字 12 的。或者说，分针和时针在 12 点重合之后过了 $\dfrac{x}{5}-\dfrac{y}{60}$ 个小时。因为这里指的是 12 点之后的整小时数，所以这个数是整数（0~11）。

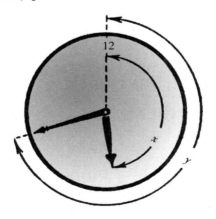

表针对调之后，我们可以用上面的方法求出经过的时间是：

$$\frac{y}{5} - \frac{x}{60}$$

这个数也是整数。

联立方程组：

$$\begin{cases} \dfrac{x}{5} - \dfrac{y}{60} = m \\[2mm] \dfrac{y}{5} - \dfrac{x}{60} = n \end{cases}$$

这里的 m 和 n 是 0 ~ 11 的任意整数。

由方程组，得

$$\begin{cases} x = \dfrac{60 \times (12m+n)}{143} \\[2mm] y = \dfrac{60 \times (12n+m)}{143} \end{cases}$$

把 0 ~ 11 的各个整数分别代入上面的方程组，就可以得出满足题意的表针的位置。因为代表 m 的 12 个整数可以和代表 n 的 12 个整数任意搭配，看起来有 144 个解，但只存在 143 个。因为 $m=n=0$ 和 $m=n=11$ 的时候，求出的是同一个时间。

当 $m=n=11$ 时，求得

$$\begin{cases} x = 60 \\ y = 60 \end{cases}$$

也就是说，$m=n=0$ 时，也是 12 点。

在这里，我们不一一讨论各种情况了，只列举两个具有代表性的例子。

（1）：当 $m=n=1$ 时，得

$$\begin{cases} x = \dfrac{60 \times 13}{143} = 5\dfrac{5}{11} \\[2mm] y = 5\dfrac{5}{11} \end{cases}$$

也就是 1 点 $5\frac{5}{11}$ 分，时针和分针重合，它们对调后还是原来的时间（其他的时针和分针重合的情况也一样）。

例（2）当 $m=8$，$n=5$ 时，

$$\begin{cases} x=\dfrac{60\times(5+12\times8)}{143}\approx42.38 \\ y=\dfrac{60\times(8+12\times5)}{143}\approx28.53 \end{cases}$$

所指的时间是 8 点 28.53 分，对调后是 5 点 42.38 分。

我们已经知道了符合题意的答案有 143 个，为了准确地表示出时针和分针的各种情况，需要把表盘平分成 143 份，这样可以清楚地显示出各个答案。在其他的时间点，时针和分针不可以对调。

这个数也是整数。

087 奇怪的回答

3 ~ 6 点之间是 180 分钟，很容易算出多长时间后是 6 点，也就是

180 − 50=130（分）

然后，把这 130 分钟分成两部分，一部分是另一部分的 4 倍，也就是把 130 分分成五部分。这样，26 分后是 6 点。

在 50 分前，还有 50 + 26=76（分）是 6 点，从 3 点到此时经过的时间是

180 − 76=104（分）

这个时间是现在的时间距离 6 点的 4 倍。这个奇怪的回答指的是现在的时间。

第七章　速度计算问题

088 飞 行

毫无解释可言，因为两次的时间是相等的。

这只会难倒毫无防范的人，可是真的有很多人上当，其中对计算比较精通的人甚至更多些。这主要是因为长度和货币中的十进制左右了人们的思想。看到 1 时 20 分和 80 分，首先想到的就是计算比较，还以为只是 1 元 2 角和 8 角的区别。人们之所以犯错都是来源于这种心理。

089 火车速度

坐在火车里的我们一定会听到一种均匀的撞击声，它总会伴随着我们，哪怕是使用最好的弹簧弓子，所有人应当都会注意到这一点。其声音的来源是车轮经过铁轨接口缝隙受到震动产生的。它对于整个列车和轨道都十分有害，并且让人心烦。可是利用它的确可以计算出火车的速度。记清楚每分钟撞击的次数就是知道了经过铁轨的数量，随后，把长度计算出来，这就是每分钟走出的距离。15 米左右就是铁轨的长度。

于是，火车的时速 $= \dfrac{15 \times 撞击次数 \times 60}{1000}$（千米 / 时）

090 对开的两列火车

首先弄清楚里面的关系：慢车走过的路程就是快车将要走的路程，同理，快车走过的路程就是慢车将要走的路程。设快车的速度为 v_1 慢车速度为 v_2 7 小时相遇，所以
$$\begin{cases} 7v_1 = 2.25v_2 & （1） \\ 7v_2 = v_1 & （2） \end{cases}$$

（1）÷（2）得 $\dfrac{v_1}{v_2} = \dfrac{2.25v_2}{v_1}$，$\left(\dfrac{v_1}{v_2}\right)^2 = 2.25$，故 $\dfrac{v_1}{v_2} = 1.5$

也就是说快车速度是慢车的 1.5 倍。

091 帆船比赛

第二条帆船行完全程的时间用得比较多，所以它一定会输掉比赛。A船

行完全程需 $\frac{24}{20}+\frac{24}{20}=2.4$（时）

B船行完全程需 $\frac{24}{16}+\frac{24}{24}=1.5+1=2.5$（时）

092 距离与流速

轮船顺流走1千米要用3分，逆流走1千米要用4分，顺流比逆流1千米

就会节省1分，最后节省了5时，也就是300分，甲、乙两地的距离是300千米。

093 电车谜题

乘坐电车的时间是2时。

094 无轨电车

设始发站每隔 x 分驶出一辆电车，也就是说，在某一辆电车追上行人的

地方，x 分后驶过下一辆电车。当第二辆电车追上行人时，它在（$12-x$）分

钟内驶过的路程和行人12分走的路程相等。那么，行人一分钟走过的路程电

车只需 $\frac{12-x}{12}$ 分。

迎面驶来一辆电车，4分后又一辆电车来到我面前，这辆电车在（$x-4$）

分里驶过的路程和我4分走的路程相等。所以，行人一分走过的路程电车用

$\frac{x-4}{4}$ 分。

根据题意，得： $\frac{12-x}{12}=\frac{x-4}{4}$

解方程，得 $x=6$，始发站每隔6分发出一辆电车。

还可以用另一种方法解答此题。假设前后两辆电车之间的距离是 a，行

人和迎面驶来的电车之间的距离每分钟缩短 $\frac{a}{4}$（因为两辆电车之间的距离是 a，

而这段距离是行人和刚刚驶过去的那辆电车在4分内共同完成的）。如果电

车从后面向行人驶来，电车和行人之间的距离每分钟缩短$\frac{a}{12}$。假设行人先向前走 1 分，再往回走 1 分，回到原来的地方。这样，行人和迎面驶来的电车的距离在前一分钟缩短了$\frac{a}{4}$，后 1 分钟缩短了$\frac{a}{12}$。2 分钟内，行人和这辆电车之间的距离缩短了$\frac{a}{4}+\frac{a}{12}=\frac{a}{3}$。

　　如果行人站在原地不动，结果一样，因为他最终回到了原来的位置。如果行人原地不动，一分钟电车向他驶近了$\frac{a}{3}\div 2=\frac{a}{6}$，那么，电车驶过距离 a 需要的时间是 6 分。也就是说，每隔 6 分就有一辆电车驶过站着不动的行人面前。

095 过河问题

　　设轮船在静水时从 A 城到 B 城需要x时，木筏顺流从 A 城到 B 城需要y时。那么，轮船在静水中一个小时走过的距离是$\frac{1}{x}$，木筏在流水中一个小时走过的距离是$\frac{1}{y}$。因此，轮船在顺流中一个小时走过的距离是$\frac{1}{x}+\frac{1}{y}$，在逆流中一个小时走过的距离是$\frac{1}{x}-\frac{1}{y}$。

　　根据题意，得：

$$\begin{cases}\dfrac{1}{x}+\dfrac{1}{y}=\dfrac{1}{5}\\[2mm]\dfrac{1}{x}-\dfrac{1}{y}=\dfrac{1}{7}\end{cases}$$

　　第一个方程减去第二个方程，得

$$\frac{2}{y}=\frac{2}{35}$$

　　解方程得，$y=35$。

　　乘坐木筏从 A 城到 B 城需要 35 时。

096 侦察船

　　设 x 时后侦察船可以回到舰队，在这段时间里，侦察船行驶的里程是 $70x$，舰队行驶的里程是 $35x$。侦察船航行 70 海里后，返回去和舰队会合，也就是说舰队和侦察船一共航行了两个 70 海里。

根据题意，得 $70x+35x=140$

解方程，得 $x=\dfrac{140}{105}=1\dfrac{1}{3}$

也就是说，1 时 20 分后侦察船可以回归舰队。

第八章　奇怪的称量

· ·

097 100 万件的重量

我们可以采用如下步骤进行口算。100 万和 1 000 个 1 000 是一回事儿。

那么，89.4 和 100 万的乘积就是 89.4 克 ×1 000×1 000，这相当于把克转化为千克，再转化为吨，也就是 89.4 吨。

098 蜂蜜和煤油

根据蜂蜜的质量比煤油重 1 倍，得出一罐蜂蜜相当于两罐煤油的质量，所以 500 和 350 的差，即 150 克就是罐里煤油的质量。因此，得出 350−150=200（克）就是容罐的重量。

验算可得：蜂蜜的重量是 500−200=300（克），刚好是煤油质量的 2 倍。

099 圆　木

在增加 1 倍直径，减少一半长度的情况下，很多人认为重量相等。可这是错误的。圆木在增大 1 倍直径时体积增大为原来的 4 倍，减少一半长度，体积才减少一半。最后体积还是比原来增大了 1 倍。重量自然增大了 1 倍，也就是 60 千克。

100 平衡的天平

解答这类题目的关键是阿基米德原理，所有物体在浸入水里后都会变轻，它减少的质量和排开水的质量相同。

参考答案

因为同样质量的鹅卵石自然要比铁砝码体积大。所以说，鹅卵石会排开更多的水，它失去的质量自然多，铁砝码一端就要低些。

101 整块肥皂的质量

整块肥皂的质量 $=\frac{3}{4}$ 块肥皂 $+\frac{3}{4}$ 千克。也就是说 $\frac{1}{4}$ 块肥皂质量是 $\frac{3}{4}$ 千克，因此，整块肥皂的质量是 $\frac{3}{4}$ 千克的 4 倍，也就是 3 千克。

102 天平上的大猫和小猫

不难看出，把一只大猫用一只小猫替换掉以后就会减少 2 千克的质量。也就是大猫和小猫的质量差是 2 千克。这样，把条件二中的大猫全部换成小猫 7 只小猫的质量就是 15−2×4=7（千克）。

最后得出，一只小猫质量是 1 千克，一只大猫质量是 3 千克。

103 玻璃球和海螺

对比两次称量的结果即可得出 12 个玻璃球 =8 个玻璃球 +4 枚棋子，也就是 4 枚棋子 =4 个玻璃球，即 1 枚棋子 =1 个玻璃球。最后得出，1 个海螺和 9 个玻璃球的重量相等。

把结果带入第一个条件，很容易就验算出结果是正确的。

104 水果的重量

用 1 个苹果和 6 个桃子替代第一个等式里的 1 个鸭梨，结果得出，4 个苹果加 6 个桃子等于 10 个桃子。也就是 4 个苹果等于 4 个桃子，即 1 个苹果和 1 个桃子是相等的。

最后得出，1 个鸭梨和 7 个桃子是相等的。

105 杯子的个数

答案如下：

∵ 1 个瓶子质量 =1 个杯子质量 +1 个牛奶缸的质量

1 个牛奶缸质量 =1 个碟子质量 +1 个杯子质量

2 个牛奶缸 =2 个碟子质量 +2 个杯子质量 =3 个碟子质量

∴ 1 个碟子质量 =2 个杯子质量

1 个牛奶缸质量 =3 个杯子质量

∴ 1 个瓶子质量 =4 个杯子质量

106 阿基米德谜题

根据黄金和白银的失重比，可以计算出皇冠在水里的质量应当是 10kg，但实际皇冠的质量是 9.25kg，本应失去 0.6kg，如今却失去了 0.75kg，这是因为里面的黄金被白银替换的缘故。如果其中是 1kg 的黄金被替换了，失重就会增加 $\frac{1}{10}-\frac{1}{20}=\frac{1}{20}$ kg，如今多失重 0.75−0.6=0.15kg，这些必须由白银来填补，其填补的倍数就是 $0.15 \div \frac{1}{20} =3$（倍）。因此皇冠里包含的黄金和白银都是 5kg，设 $x$kg 黄金被替换，则有方程：

$$（8-x）\times \frac{1}{20}+（2+x）\times \frac{1}{10}=0.75$$

解方程，得 $x=3$。也就是说有 3kg 黄金被替换了。

107 十倍制天平

在被水淹没后，实心的铁制的物品会失去 $\frac{1}{8}$ 的质量，所以水下的砝码的质量是原来的 $\frac{7}{8}$。铁钉也相同，失去的质量也是原来的 $\frac{1}{8}$。所以，天平在水中仍然是平衡的。

108 砝码和铁锤

先把铁锤放到天平的一端，在另一端放上砝码和糖，使天平的两端保持平衡。显然，放上的糖的质量是 900 − 500=400（克）。

再进行三次这样的操作，剩下的糖的质量是 2000 −（4×400）=400（克）。

现在，得到了 5 份 400 克的糖，只要再把每一份都分成两半就可以了。这时，不用使用砝码和铁锤就能轻松地办到，把 400 克糖分装在两个袋子里，然后把它们分别放到天平的两端，调整糖的质量，直到天平达到平衡即可。

第九章 动脑筋的数学

109 七个数字的计算

我们有三种方法解答这个题目：

$$1-2-3-4+56+7=55$$

$$12-3+45-6+7=55$$

$$123+4-5-67=55$$

110 十个数字的计算

一共有四种方法，具体如下：

$$87+9\frac{4}{5}+3\frac{12}{60}=100$$

$$50\frac{1}{2}+49\frac{38}{76}=100$$

$$80\frac{27}{54}+19\frac{3}{6}=100$$

$$70+24\frac{9}{18}+5\frac{3}{6}=100$$

111 结果为1

要使得结果为1，只能是两个分数：

$$\frac{35}{70}+\frac{148}{296}=1$$

假如你对代数十分精通，还可以得出其他解法。好比是 $123\,456\,789^0$ 或者是 $234\,567^{9-8-1}$，除零以外所有数字的 0 次方结果都为 1。

除此之外，还有像是 $23\,456\,789\times0+1$，$32\,456\,789\times0+1$，…

112 五个 2

结果为 15 的情况如下:

$$\frac{22}{2}+2+2=15$$

$$(2\times 2)^2-\frac{2}{2}=15$$

$$\frac{22}{2}+2^2=15$$

$$2^{(2+2)}-\frac{2}{2}=15$$

$$2^{2\times 2}-\frac{2}{2}=15$$

结果为 11 的情况:

$$\frac{22}{2}+2-2=11$$

不细想一下,会认为没有结果为 12 321 的情况,可是这样的结果真的存在:

$$(\frac{222}{2})^2=111^2=12\ 321$$

113 37

有两种不同的方法:

$$\frac{333}{3\times 3}=37$$

$$\frac{3}{3}+3+33=37$$

114 四个 3

我们这里只把 6 以下的答案列举出来:

$$\frac{3}{3} \times (3+3) = 6$$

$$\frac{3 \times 3+3}{3} = 4$$

$$\frac{3+3+3}{3} = 3$$

$$\frac{3}{3} + \frac{3}{3} = 2$$

$$\frac{3}{3} \times \frac{3}{3} = 1$$

115 四个4

具体的方法如下：

$$\frac{44-4}{4} = 10$$

$$\frac{4}{4} + 4 + 4 = 9$$

$$4 \times 4 - 4 - 4 = 4 + 4 + 4 - 4 = 8$$

$$\frac{44}{4} - 4 = 4 + 4 - \frac{4}{4} = 7$$

$$4 + \frac{4+4}{4} = 6$$

$$\frac{4 \times 4 + 4}{4} = 5$$

$$(4-4) \times 4 + 4 = 4$$

$$\frac{4 \times 4 - 4}{4} = \frac{4+4+4}{4} = 3$$

$$\frac{4 \times 4}{4+4} = \frac{4}{4} + \frac{4}{4} = 2$$

$$\frac{4 \times 4}{4 \times 4} = \frac{4+4}{4+4} = \frac{4}{4} = 1$$

116 五个 9

$$\frac{99}{9} - \frac{9}{9} = \frac{99}{99} + 9 = 10$$

这就是我们要的结果。还有其他的方法，如

$$\left(9 + \frac{9}{9} \right)^{\frac{9}{9}} = 10$$

$$99^{9-9} + 9 = 10$$

117 24

其他的方法如下所示：

$$24 = 22 + 2 = 3^3 - 3$$

118 30

举几个例了：

$$6 \times 6 - 6 = 30$$

$$33 - 3 = 30$$

119 1 000

解答方法如下：

$$1\,000 = 8 + 8 + 8 + 88 + 888$$

120 如何得出 20

去掉的用#表示

$$\# \, 11$$

$$\#\#\#$$

$$\#\# \, 9$$

最后得出　　$11 + 9 = 20$。

121 如何得出 1 111

去掉的方法后很多，我们用·表示去掉的数字，列举其中的 4 个：

$$
\begin{array}{r}
1\cdot\cdot \\
\cdot\cdot\cdot \\
\cdot\cdot 5 \\
\cdot\cdot 7 \\
9\,9\,9 \\
\hline
1\,1\,1\,1
\end{array}
\qquad
\begin{array}{r}
1\ 1\ 1 \\
\cdot\,3\,\cdot \\
\cdot\cdot\cdot \\
\cdot\,7\,\cdot \\
9\cdot\cdot \\
\hline
1\,1\,1\,1
\end{array}
$$

$$
\begin{array}{r}
\cdot\,1\,1 \\
3\,3\,\cdot \\
\cdot\cdot\cdot \\
7\,7\,\cdot \\
\cdot\cdot\cdot \\
\hline
1\,1\,1\,1
\end{array}
\qquad
\begin{array}{r}
1\,\cdot\,1 \\
3\,\cdot\,3 \\
\cdot\cdot\cdot \\
7\,\cdot\,7 \\
\cdot\cdot\cdot \\
\hline
1\,1\,1\,1
\end{array}
$$

122 180° 旋转

只有 0，1，8 三个数字在旋转 180° 之后保持不变。换句话说，只有这三个数字组成的年份可以旋转 180°。年份的开头一定是 18，因为这是以前某世纪中的年份。

由此得出这一年是 1818，8181 是旋转后的结果，两者刚好是 4.5 倍的关系。这是唯一符合题意的解答。

123 如此年份

20 世纪符合要求的年份是 1961。

124 和与积

满足条件的数有很多，例如：

$$2+1 > 2 \times 1$$

$$3+1 > 3 \times 1$$

$$4+1 > 4 \times 1$$

$$\cdots\cdots$$

$$10+1 > 10 \times 1$$

可见，只要有一个乘数是 1 就可以了。

125 和等于积

拥有这样特点的整数只有 0 和 2。

126 偶素数

偶数中的 2 不是合数。满足条件的偶素数只有一个，那就是 2，它只能被 1 或者自身整除。

127 三个数

和与积相等的三个数是 1，2，3。

$$1+2+3=1 \times 2 \times 3=6$$

128 加乘运算

满足题意的数字有很多，好比下面的例子：

$$4.5=3+1.5=3 \times 1.5$$

$$6.25=5+1.25=5 \times 1.25$$

$$10.125=9+1.125=9 \times 1.125$$

$$12.1=11+1.1=11 \times 1.1$$

$$102.01=101+1.01=101 \times 1.01$$

$$\cdots\cdots$$

参考答案

129 积和商

满足条件数字有很多：

$2 \times 1 = 2 \div 1$

$3 \times 1 = 3 \div 1$

$4 \times 1 = 4 \div 1$

$44 \times 1 = 44 \div 1$

…

130 两位数

这个数一定是某个数字的平方。而只有 6 个数字满足条件，也就是 4、5、6、7、8、9 这些数字的平方是两位数，其中满足题意的只有 81。

$$81 \div (8+1) = 8+1$$

131 刚好 10 倍

所有满足题意的数一共有五组，题目中已经列举了一组，其余四组分别是：

20 和 20；30 和 15；

35 和 14；110 和 11。

检验：

$$\frac{20 \times 20}{20+20} = \frac{30 \times 15}{30+15} = \frac{35 \times 14}{35+14} = \frac{110 \times 11}{110+11} = 10$$

132 两个数字

它们表示的正整数最小都是 1，这样的数字有很多，只是表示方法有些独特，比如：

$$\frac{1}{1}, \frac{2}{2}, \frac{3}{3}, \frac{4}{4}, \cdots \frac{9}{9}$$

还有如同是 1^0，2^0，3^0，$\cdots 9^0$

133 最大数

多数人想的都是 1111，其实这并非是最大的。比它大很多的还有 11^{11}。

134 奇特的数字

满足条件的数字是：

$$\frac{5\,823}{17\,469} = \frac{1}{3}$$

$$\frac{3\,942}{15\,768} = \frac{1}{4}$$

$$\frac{2\,697}{13\,485} = \frac{1}{5}$$

$$\frac{2\,943}{17\,658} = \frac{1}{6}$$

$$\frac{2\,394}{16\,758} = \frac{1}{7}$$

$$\frac{3\,187}{25\,496} = \frac{1}{8}$$

$$\frac{6\,381}{57\,429} = \frac{1}{9}$$

135 找乘数

通过一层一层地推理可以得出乘数是 96。

136 补 缺

补完后的结果是：

$$
\begin{array}{r}
415 \\
\times 382 \\
\hline
830 \\
3320 \\
1245 \\
\hline
158530
\end{array}
$$

137 猜数字

最后结果是：

$$\begin{array}{r}
325 \\
\times\,147 \\
\hline
2275 \\
1300 \\
325 \\
\hline
47775
\end{array}$$

138 奇怪的乘式

细心的朋友们可以得出九个答案：

1963×4=7 852

1738×4=6 952

138×42=5 796

157×28=4 396

159×48=7 632

186×39=7 254

198×27=5 346

297×18=5 346

483×12=5 796

139 求　商

满足题意的商是90 879。符合要求的被除数和除数有很多组，它们分别是：

11 268 996 和 124，

11 178 117 和 123，

11 087 238 和 122，

10 996 359 和 121，

10 905 480 和 120，

10 814 601 和 119，

10 723 722 和 118，

10 632 843 和 117，

10 541 964 和 116，

10 451 085 和 115，

10 360 206 和 114。

这些最后的商都是 90 879。

140 被除数是多少

最后答案是：

$$
\begin{array}{r}
162 \\
325 \overline{)52650} \\
325 \\
\hline
2015 \\
1950 \\
\hline
650 \\
650 \\
\hline
0
\end{array}
$$

141 11 的整倍数

首先要了解 11 的整倍数都有什么特征。如果有一个整数，其奇数位上的数字和与偶数位上的数字和，两者的差是 0 或者 11 的倍数，那么这个数就是 11 的倍数。

就以 23 658 904 这个数为例。

偶数位上的数字和 3+5+9+4=21，

奇数位上的数字和 2+6+8+0=16。

21–16=5，并非是 11 的倍数，所以 23 658 904 不是 11 的整倍数。

由此推论，最大的数是 987 652 413；最小的数是 102 347 586。

142 填空一

大家应该这样考虑：六个角的数字和为 26，那么中间六边形的数字和就是所有数字和减去六个角的数字和结果是 78–26=52。

接下来是大三角形，三边和都是 26，总和就是78，其中三个角出现了两次，已知六边形的数字和是 52，因此，三个角数字和的两倍是 78–52=26，也就是三个角上的数的和是 13。这样范围就小了很多。

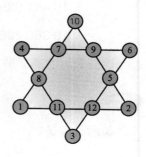

在经过细心的推理，就可以找到答案。

143 填空二

我们可以先把 5 写到中间位置，随后直线的两端相加等 10 就可以了。

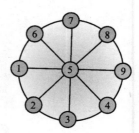

144 填空三

答案如图所示：

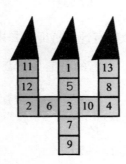

第十章　意外得救

145 弹簧锁的奥妙

如果每个小钢筋棍有 10 种不同的长度变化，那么弹簧锁的数目就有

$$10 \times 10 \times 10 \times 10 \times 10 = 100\ 000（个）。$$

这些弹簧锁都对应着自己唯一的钥匙，也就是只有十万分之一的可能性才可以把锁打开，可见是相当稳妥的。

这是为了方便说明，现实中小钢筋棍的变化还要多很多，这个数字要远远超过 100 000 个。

146 肖像的个数

营业员的说法完全可信，甚至数目要远比这个大很多。计算方法如下：

用 1，2，3，4，5，6，7，8，9 分别表示组成肖像的九片纸条；其中所有部分都有各有 4 片纸条，我们用 A、B、C、D 来表示。

以 1A 为例，它的组合对象可以是 2A、2B、2C、2D。

这就会出现 4 种不同的组合，可是仅仅部位 1 就有 A、B、C、D 四片纸条，每片纸条和 2 的拼接方法有 4 种，所以它的组合就有 $4 \times 4 = 16$（种）。

16 种组合方式里的每一种和 C 的拼接方式有 4 种，所以，一共有 $16 \times 4 = 64$ 种方式拼接 1、2、3 三个部位。

同样的道理，拼接 1，2，3，4 四个部分方式有 $64 \times 4 = 256$（种）；

拼接 1，2，3，4，5 五个部分有 1 024 种方式……把 9 部分全部拼齐不同的方式有　　$4 \times 4 \times 4 \times 4 \times 4 \times 4 \times 4 \times 4 \times 4 = 262\ 144$（种）。

因此，有 25 万多种方式拼接这 9 片长方形的木板，这比 1 000 要大多了。

147 树叶的尺寸

一棵老树大概有 20 ～ 30 万片树叶，就以 25 万计算，树叶的宽度定为 5

厘米，总长度就是 1 250 000 厘米，折合 12.5 千米。这样的距离，不要说大房子就是大城镇都可以围起来了。

148 100 万步的距离

和 10 千米比较，100 万步的距离要远很多，这比 100 千米距离都要大。

如果我们的步子有 $\frac{3}{4}$ 米，100 万步就是 750 千米。也就是说用这 100 万步完全可以从广州走到长沙，或者从北京走到郑州。

149 不要小瞧一立方米

两种说法都比较离谱，因为和地球上最高的山相比，它们还要高出 100 倍。

通过计算可以得出，一立方米就是 1 000×1 000×1 000 也就是 1 000 000 000 立方毫米。所有小方块码放在一起总高度有 1 000 000 000 毫米，也就是 1 000 千米。

150 一杯豌豆

如果来猜测这道题的答案，可能会相差很多，我们还是计算一下吧。

豌豆的直径大约是 $\frac{1}{2}$ 厘米，所以 1 立方厘米的体积可以容纳 8 枚豌豆（装得密实还能装得更多）。在容量是 250 立方厘米的杯子里，豌豆的数目不会少于 8×250=2 000（粒）。把它们用线穿起来，线的长度是 $\frac{1}{2}$×2 000=1 000（厘米），也就是 10 米。

151 水和啤酒

在解题的时候，我们一定要明白，互相倒过两次之后，瓶子里面液体的体积还是原来的体积，没有发生变化，否则很容易出错。假设互换后，第二个瓶子里有 n 立方厘米的酒，那么，水的体积就是（1 000 − n）立方厘米。那么，n 立方厘米的水肯定在第一个瓶子里面。所以，第一个瓶子里面的水和第二个瓶子里面的啤酒一样多。

两个人数的行人的数量一样多。尽管站在门口的人可以数到两个方向的行人，但是，在人行道上来回行走的人，也可以看到行人2次。

❀ 第十一章　跳出困境

153 聪明的法官

法官是这样判的：拒绝受理老师的诉讼，但是老师可以重新提起诉讼，只是起诉的理由变成要求学生获胜。这样无论结果如何，显然都是对老师有利的。

154 遗产的划分

寡妇、儿子和女儿的财产分别是 1 000 里拉、2 000 里拉、500 里拉，这和罗马法律是完全相符的。

155 牛奶的分配问题

要得到想要的结果，一定要经过七次倒换。具体步骤如下：

第一、用 4 升里的牛奶倒满 2.5 升容器；

第二、用 2.5 升容器里的牛奶倒满 1.5 升容器；

第三、把 1.5 上容器里的牛奶倒回 4 升容器里；

第四、把 2.5 升容器剩余的一升牛奶倒入 1.5 升容器；

第五、用 4 升容器里的牛奶加满 2.5 升容器；

第六、用 2.5 升容器里的牛奶加满 1.5 升容器，里面剩余 2 升；

第七、把 1.5 升容器里的牛奶倒回 4 升容器，里面刚好是 2 升。

156 蜡烛作证

假设蜡烛燃烧的时间为 x 时，粗蜡烛每小时燃烧 $\frac{1}{5}$，细蜡烛每小时燃烧 $\frac{1}{4}$。所以，粗蜡烛剩下的长度为 $\left(1-\frac{1}{5}x\right)$，而细蜡烛所剩下的长度为 $\left(1-\frac{1}{4}x\right)$。

根据题意，可知两支蜡烛燃烧前的长度相等，来电时粗蜡烛是细蜡烛的 4 倍，所以 $1-\frac{1}{5}x=4\left(1-\frac{1}{4}x\right)$

解方程得：$x=3\frac{3}{4}$（时）

157 侦查员过河

三个侦查员过河，一共需要 6 次，我们用 a、b、c 分别代表三个侦查员，1、2 代表两个小孩具体方法如表所示：

次数	小河岸边	舢板上	对岸
第一次	A、B、C、	1、2	1、2 随后 1 返回对岸
第二次	A、B、1	C	C，2 返回
第三次	A、B	1、2	C、1、2 返回
第四次	A、2	B	B、C、1 返回
第五次	A	1、2	B、C、1，2 返回
第六次	2	A	A、B、C，1 返回
最后		1、2	A、B、C

158 大队分牛

解答这类问题如果使用算术，就要用倒推法。

最后一个大队分完了所有的牛，因此不可能再有剩余的 $\frac{1}{7}$，他们只得到了和自己大队数相等的牛。随后是倒数第二个大队，他们分到了比后一个大队少 1 头，另外还有剩余的 $\frac{1}{7}$。换句话说，最后一个大队分到的就是上一队剩下的 $\frac{6}{7}$。

因此，最后一个大队分到的一定是 6 的倍数。让我们假设为 6 头牛，验算一下正确与否。那么就是总共有 6 个大队。第五大队分到了 5 头牛另外加上剩余的 $\frac{1}{7}$，同样是 6 头牛。依次类推计算出其余大队分到的头数都是 6。

这是合理的假设法。最后得出 6 个大队，36 头牛。

159　一平方米

因为一昼夜 86 400 秒，所以他是数不完 100 万的，要完成任务花 11 个昼夜还不够。假如每天只数 8 时，要一个多月才能输完。

160　7 个苹果

每个人分到的苹果数量是 $\frac{7}{12}$，而 $\frac{1}{3} + \frac{1}{4}$ 就可以得出 $\frac{7}{12}$。所以可以把其中 3 个苹果各切成四块、4 个苹果各切成 3 块，然后再分。

161　100 个核桃

好多人看了题目就忙于计算，其实大可不必。因为 25 个奇数相加是不可能得出偶数结果的。

162　如何分钱

出 200 克米的拿 2 角，出 300 克米的拿 3 角，这是多数人的分法，但是这样分是错误的。

计算过程应当是这样的：3 个吃饭，每个人拿出了 5 角，那么，总的饭费应当是 15 角，其中 100 克米的价值是 15÷5=3（角）。于是，出 200 克米的人拿出了 6 角，但是吃回了 5 角。因此拿回 1 角就可以了。

而 300 克米的价值是 9 角，减去吃的 5 角，还剩下 4 角要拿回来。

163　三个船主人

如图所示，三把锁应当如此连接，这样所有船主人都可以随意打开并使用船只。

164 牛吃草的问题

设需要 x 头牛，每天新长出的草量是 y，那么，24 天长出的草量就是 $24y$；假设草场上原来的草量是 1，那么，24 天里 70 头牛吃掉的草量是 $1+24y$；这群牛一天吃掉的草量是：

$$\frac{1+24y}{24}$$

一头牛一天吃掉的草量是：

$$\frac{1+24y}{24 \times 70}$$

以此类推，由于 30 头牛 60 天可以吃完草场上的草，所以一头牛一天可以吃掉：

$$\frac{1+60y}{60 \times 30}$$

两群牛中的每一头牛一天吃的草量应该一样多，所以

$$\frac{1+24y}{24 \times 70} = \frac{1+60y}{60 \times 30}$$

解方程得：$y = \dfrac{1}{480}$

因为 y 是每天长出的草量在原来总草量中所占的比例，那么，一头牛一天吃掉的草量与原来总草量之比为：

$$\frac{1+24y}{24 \times 70} = \frac{1+24 \times \dfrac{1}{480}}{24 \times 70} = \frac{1}{1\,600}$$

最后，列出方程：

$$\frac{1+96 \times \dfrac{1}{480}}{96x} = \frac{1}{1\,600}$$

解方程，得 $x=20$

所以，20 头牛 96 天可以吃完这片草地上的草。

第十二章 幻 方

略

 # 第十三章 让我来猜一猜

171 哪只手

这道题之所以可以这样解，是因为数字有以下特点：任何一个数乘以 2 的结果都是偶数，偶数乘以 3 的结果仍然是偶数，奇数乘以 3 的结果就是奇数。两个偶数相加，结果是偶数，偶数和奇数相加，结果就是奇数。如果你不相信，可以用几个数字来验证。

正因为数字的这一特点，所以在这道题中，要使结果是偶数，只有在 3 戈比乘以 2 的时候才会如此。那么，只有左手中的硬币是 3 戈比，右手中是 2 时，结果才会如此。如果右手中拿的是 3 戈比，再用它乘以 3，得出的就是奇数了。所以想要知道你两只手里的硬币面值各是多少，只要知道你计算出来的结果是奇数还是偶数就可以准确判断出来了。

这个规则在其他面值的硬币上也是适用的，2 戈比和 5 戈比、20 戈比和 15 戈比、10 戈比和 15 戈比。所乘的数字也可以是 5 和 10、2 和 5 等等。

要玩这个魔术也不必非要用硬币，也可以用火柴来表演：左手拿 2 根火右手拿 5 根，把左手里的火柴数目乘以 2，右手里的火柴数目乘以 5……

172 多米诺骨牌

其实要做这个小魔术，必须要有你的一个同学帮忙才能完成。你们要事先商量好暗语：

165

"我"代表"1"；

"你"代表"2"；

"它"代表"3"；

"我们"代表"4"；

"您"代表"5"；

"他们"代表"6"。

可这些暗语要怎样应用呢？如果你的"助手"在心里选好3张骨牌后问你："我们已经选好了，你知道它是什么吗？"

这个暗语这样解读："我们"指的是"4"，"它"指的是"3"，那么这张骨牌就是4｜3。

如果选中的骨牌是1｜5，那么，你的助手就会对你说："我想您这次一定猜不出来了。"

谁都不会想到，这句普通的话中，"我"代表"1"；"您"代表"5"；

如果选中的骨牌是4｜2，你的助手就会和你说："我们这次选的骨牌你一定猜不出来。"

骨牌中的白板用什么表示呢？可以用"伙计"这样的称呼表示，如果选中的骨牌是0｜4，那么你的助手就会这样对你说："嘿！伙计，能猜出我们这次选了什么牌吗？"

你就会立刻猜出是0｜4了。

173 让我们猜猜看

只要你认真思考一下你想的那个数字进行了哪些运算，你便能够了解我猜出数字的奥秘了。

第一个例子中你想的那个数乘以5之后又乘以2，也就是乘以10，无论哪一个数乘10之后尾数都是0。而最终结果肯定是一个两位数，此时我让你加 7，因此得数的末尾数就是 7。首位数我不清楚，所以我就让你去掉它。其实这时我已经知道结果了，为了增加神秘感，我让你继续进行各种运算，同时我也在心算，最终我便会揭晓你的得数是 17。

第二次我改变了策略，我让你用一个数乘 3 之后再乘 3，然后把这个数加上。其实结果就相当于乘 10，于是你的得数末位为 0，接下来的情况就和第一个例子相同了。

第三次实质也是如此，只是我又变换了策略，你用想的那个数乘 2，再乘 2，得数又乘 2，接着又两次加上你想的那个数。结果会是什么呢？结果其实还是相当于乘了 10。

174 猜出三位数

百位上的数进行的运算是 $2 \times 5 \times 10$，共计乘了 100，十位上的数乘 10，个位上的数被加上去，而得数又加上了 250。所以如果从最终的结果中减掉 250，余下的数就是所想的那个数。

175 数学魔法

认真观察你便可以看出，得到原数的 4 倍再加上 4 就是该题的出发点，所以只要用最终的结果减掉 4 再除以 4 便可以猜出想的数了。

176 猜出你的出生月日

用最后的得数减掉 365，现在我就可以猜出未知的月日，差数的前两位是日数，后两位就是月数。

本题中的最后得数是 2 073，用 2 073 减掉 365 后得到 1 708，所以你的生日便是 8 月 17 日。

177 猜出你的年龄

经过几次运算之后你就可以发觉，1 089 这个固定值总是加在年龄数上，因此，用最终的结果减掉 1 089 得到的便是你的年龄。

178 猜出兄弟姐妹的数量

判断兄弟姐妹的数量其实很简单，只要从最终的结果中减掉 75 即可，在该题目中用 122 减掉 75，得数为 47，所以兄弟数便是个位上的数字 4，姐妹数便是后一位数字 7。

不过，只有当你确定对方的兄弟姐妹不超过 9 人时，这个方法才是有效的。

179 奥秘在何处

奥秘就是你早就知晓最后的得数，通过规定的运算之后得到的结果一定是 1089。所以电话簿的 108 页从上往下或是从下往上的第九个号码你必须要记熟了。

180 惊人的记忆力

其实卡片上的数字与字母就可以告诉你卡片上的数字是多少。

A 表示 20，B 表示 30，C 表示 40，D 表示 50，E 表示 60。字母加它后面的数字也表示不同的数，比如 A1 表示的是 21，C3 表示的是 43。

卡片上的一长串数字也是按照一定的规律编排的。例如，"E4"上的数字是什么呢？E4=64，于是你便开始做如下的编排：

第一步，相加，把 6 与 4 相加，得数为 10；

第二步，乘 2，用 64 这个数乘以 2，得数为 128；

第三步，大减小，用 6 减去 4，得数为 2；

第四步，相乘，把 6 与 4 相乘，得数为 24。

所有得数连在一起是 10128224，这便是你需要事先写到卡片上的那一长串数。

这种巧妙的设计不易被别人猜到，你的"记忆力"一定会让大家惊叹的。

181 迷人的记忆方法

道理很简单，你不过是写下了你记住的几个电话号码罢了。

182 神秘的小正方体

小正方体相对两面的数字之和都是7，所以四个小正方体上下各面数字之和就是28，因此，用28减去露在外面的数字，那么被遮住的数字之和便一目了然了。

第十四章 一笔画

183

略

184 七个问题

参见183题的解说，这7张图除图（4）、图（5）按下列方法画，都可以一笔画成。

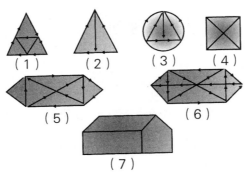

185

略

186 再来七个问题

187 圣彼得堡的桥梁问题

✿ 第十五章　几何学游戏

· ·

188 老式马车

　　这个题目好像和几何学没什么关系，不过拨开层层迷雾就会发觉，只有几何学知识才能解决这个问题。

　　老式马车的前轮比后轮小，因此行驶同样长的距离，前轮的转数就比后轮多，自然前轮的磨损会比较严重。

189 多少条棱

六棱柱形铅笔有 18 棱。上下底各 6 条棱，柱高有 6 条棱。

190 图中的物品

图中的物品是剪刀、刮胡刀、叉子、怀表与汤匙。本题中所画的不是我们常见的投影图，因此我们会难以分辨。

191 玻璃杯上造大桥

这是可以完成的。如图所示，每把刀子的一端放到杯子上，另一端交叉相搭，如此刀子便可以支撑住了。

192 如何连接木块

图中将这个简单的原理展现出来了。其实两边的？和槽并非像人们惯性所想的那样互相垂直，它们是斜着互相平行的，因此它们便很容易就被连接起来了。

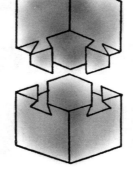

193 一个木塞堵三种孔

图中展示的就是符合要求的木塞。

194 找一个木塞

下图第二行的便是形状合适的木塞。

195 再找一个木塞

如图第二行的就是符合十字架、方形、圆形三种空的木塞。

第三个找木塞

如下图第二行所示，这就是符合题目要求的塞子。

绘图员经常做这样的题目，他们都是根据部件的三个投影确定它的形状的。

197 两个茶杯

若高度一样，那么宽度是 $\frac{3}{2}$ 倍的那个茶杯的容积是另一个杯子的 2.25 倍。又因为它只是矮一半，所以与高茶杯相比，矮茶杯的容积较大。

198 四个立方体

因为最大立方体的体积与其他三个立方体体积之和相等，所以要想让天平两端平衡，那么天平的一端放最大的立方体，另一端放其他三个立方体就可以了。

199 半桶水的测量

如图所示，最简易的办法就是把桶倾斜过来，使水碰到桶沿。若水面高于桶底，则桶中多于半桶水，若可以看到桶底，则说明不够半桶水，只有当水面与桶底的上缘齐平时才恰好是半桶水。

200 哪个木箱重

两个木箱的重量相等。

201 三条腿的桌子

这种观点是正确的。空间中不在同一直线上的任意三点都可以组成一个唯一的平面，所以三条腿的桌子总能碰触到地板，而且很稳固。这种纯几何原理也被应用到照相机三脚架与大地测量仪器等方面。

202 国际象棋的棋盘

由 64 格构成的国际象棋棋盘中的正方形有很多，由 1 个小格组成的正方形又 64 个，由 4 个小格组成的正方形有 49 个，由 9 个小格组成的正方形有 36 个，以此类推，可以算出国际象棋棋盘上共有 204 个大小不一的正方形。

203 玩具砖块

小砖块的长宽高均比建筑砖块小 $\frac{3}{4}$，因此小砖块的体积与质量是建筑砖块的 $\frac{1}{64}$，所以玩具小砖块的质量是 4 000:64，结果为 62.5 克。

204 小个子与大个子比重量

大个子的重量大概是小个子重量的 8 倍，这是由于人的体型大体相似，所以一个人的身高是另一人的 2 倍时，他的体积就会是另一人的 8 倍，相应的体重也是另一个人的 8 倍。

205 绕着赤道走一圈

假设地球半径是 R，人的身高为 175 厘米，所以绕赤道一圈后，脚底经过的线与头顶划过的周长分别是 $2\pi R$ 和 $2\pi (R+175)$，两者之差为：$2\pi (R+175)-2\pi R=2\pi \times 175 \approx 1\ 100$ 厘米。这个得数与球体半径毫无关系，即便绕太阳走一圈得到的同样是这个结果。

206 用放大镜观察

通过放大镜观察一个角，这个角的度数是不会发生变化的。这个角度的半径会增长，弧也会变长，不过圆心角是不会变的。

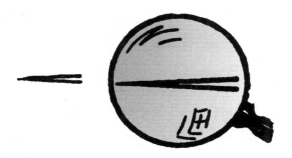

207 相似形

人们看过这两个问题后往往都会给出肯定的答案。事实上只是两个三角形相似，两个长方形并不相似。三个角都相等的两个三角形是相似形，图中的两个三角形三边互相平行，因此可以判断它们就是相似形。不过在判断其他多边形的相似时，仅仅靠各边互相平行或各角都相等可不行，各边的长度还要互成比例才可以。图中的两个长方形各边显然不成比例，所以它们不是相似形。

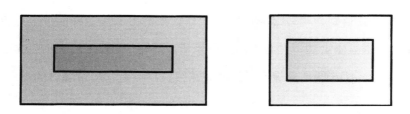

上图中这两种情况中的两个长方形都不是相似形，因为它们的邻边比不成比例是一目了然的。例如，左图中外部长方形两邻边比是 2:1，而内部长方形的两邻边是 4:1。

塔的高度

因为照片的塔与真实的塔是相似形，所以它们的塔高与塔座长度的比例是一致的。

又因为照片的塔高与塔座长度可测量，真的塔座长度也可测，所以一张没有被扭曲的照片可以用来计算塔高度。

209 苍蝇的路线

如图所示，我们把圆柱形展开后便得到了一个高为 20 厘米的长方形，长方形的底边即圆周长，值为 $\frac{63}{2}$ 厘米。蜂蜜与苍蝇的位置都被标在长方形上。蜂蜜在点 B，距离底边有 17 厘米长；苍蝇在点 A，与蜂蜜的高度一致，AB 间的距离是圆周长的 $\frac{1}{2}$，值为 $\frac{63}{4}$ 厘米。

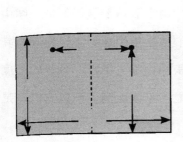 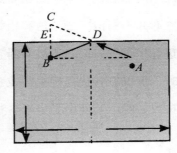 

现在需要找到苍蝇经过罐口的那个点，我的方法是这样的：过点 B 画一条直线 BC 垂直于上边，并与上边交于点 E，同时使 $BE=CE$，连接 AC，与上边交于点 D。ADB 便是苍蝇走过的最短路线，D 点是它爬过罐口的那一点。

210 甲虫的路线

假设我们可以把石头的上表面立起来，此时它与石头的前面组成同一平面，于是我们就可以看出 AB 两点间的路线最短。最短路线的长度是多少呢？在直角三角形 ABC 中，已知 BC 是 30 厘米，AC 是 40 厘米，由勾股定理可求出 AB 是 50 厘米。

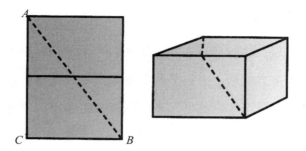

211 蜜蜂的旅程

假如我们知道蜜蜂从果园返回的时间，那这道题目就简单多了，既然题中没有给出，我们就运用几何学知识来求解出来吧。

蜜蜂先向南飞了 60 分钟之后又转向西，也就是说它转了一个 90° 角，接着飞了 45 分钟到达果园，在果园这里到蜂巢间的直线是最短的路线。所以它的飞行路线组成了一个直角三角形 ABC，问题便是求 AC 的长度。

根据勾股定理，若一直角边是一个数的 3 倍，另一直角边是这个数的 4 倍，那么斜边就是该数的 5 倍。比如说，两个直角边分别为 3 米与 4 米，那么斜边就是 5 米。

在这个题目中，一个直角边是 3×15 分钟的路程，而 4×15 分钟的路程又是另一直角边，所以斜边就是 5×15 分钟的路程，那么蜜粉从果园回蜂巢的时间就是 75 分钟。

飞行时间加上停留时间，蜜蜂离开家共游玩了 5 个小时。

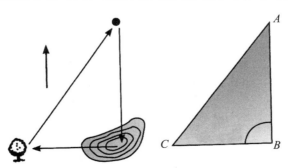

看过题之后我们发现，乌鸦的方法并不是瓶子里有多少水量都能管用的。假设水瓶的形状是方柱形，小石子则都是大小相同的球体。其实道理非常简单，只有最初瓶中的水量把小石子投到瓶中后留出的缝隙全都填补完全后，水才能升到瓶口：这时我们就要计算一下，这个空隙的体积有多大。最简单的计算方法是把所有的石球都排列在一条垂直直线上，各层的球体中心都处在直线上。设石球的直径为 d，那么它的体积就是 $\frac{1}{6}\pi d^3$，它的外切立方体的体积是 d^3，而立方体没有被填满部分的体积就是这两个体积之差：$d^3 - \frac{1}{6}\pi d^3$，比值是：

$$\frac{d^3 - \frac{1}{6}\pi d^3}{d^3} \approx 0.48$$

也就是说，每个立方体没有被填满的部分就是它体积的48%。也可以说，水瓶的体积里所有空隙体积的总和大约为水瓶总容积的一半。如果水瓶不是方柱形，石子也不是球体，那么结果也不会有什么大的变化。所以可以确认一点。